U0323965

国家自然科学基金面上项目(51274146)
国家自然科学基金青年科学基金项目(51604185,51704207)
澳大利亚 ACARP 基金项目(C22039)

矿用羧甲基纤维素钠/柠檬酸铝防灭火凝胶的制备与特性研究

周春山 著

中国矿业大学出版社

内容提要

本书从现有的煤自燃防治材料特点入手，通过羧甲基纤维素钠(CMC)、交联剂柠檬酸铝(AlCit)和pH改性剂葡萄糖酸-δ-内酯(GDL)延迟交联反应制备了矿用CMC/AlCit防灭火凝胶，重点介绍了该聚合物凝胶防灭火理论与技术，主要包括：CMC/AlCit凝胶的影响因素、配比、流变性、黏弹性、触变性、固水性、热稳定性和堵漏风性能；阻化浮煤自燃及其灭火特性；CMC/AlCit凝胶防灭火机理及工艺；用该凝胶防灭火技术对矿井火灾治理的应用实例。

本书可作为矿井安全和火灾防治方面的研究人员、煤矿工程技术人员的参考书，也可作为现场从事矿井火灾防治技术及管理人员解决实际问题的得力工具。

图书在版编目(CIP)数据

矿用羧甲基纤维素钠/柠檬酸铝防灭火凝胶的制备与特性研究/周春山著.—徐州：中国矿业大学出版社，2018.7

ISBN 978-7-5646-4017-0

Ⅰ.①矿… Ⅱ.①周… Ⅲ.①煤炭自燃—防治—凝胶—研究 Ⅳ.①TD75

中国版本图书馆CIP数据核字(2018)第139420号

书　　名　矿用羧甲基纤维素钠/柠檬酸铝防灭火凝胶的制备与特性研究
著　　者　周春山
责任编辑　章　毅　李　敬
出版发行　中国矿业大学出版社有限责任公司
(江苏省徐州市解放南路　邮编221008)
营销热线　(0516)83885307　83884995
出版服务　(0516)83883937　83884920
网　　址　http://www.cumtp.com　**E-mail**:cumtpvip@cumtp.com
印　　刷　徐州中矿大印发科技有限公司
开　　本　787×1092　1/16　**印张** 6.75　**字数** 164千字
版次印次　2018年7月第1版　2018年7月第1次印刷
定　　价　27.00元
(图书出现印装质量问题，本社负责调换)

前　言

在过去的“十二五”期间，我国煤炭产量和消费量稳步增长，年均增速分别为1.8%和2.6%，2015年实现煤炭产量37.5亿t、消费量39.6亿t，均处于世界第一。随着新能源的利用，煤炭在一次能源消费中比重有所下降，但仍占到64%，加之煤炭是我国经济、稳定、自主保障程度最高的能源，因此，在相当长时期内，煤炭作为我国主体能源的地位不会变化，煤炭工业是关系国家经济命脉和能源安全的重要基础产业。在煤矿开采过程中90%以上的矿井火灾是由煤自燃引起的。随着矿井机械化程度的提高，综采放顶煤技术广泛应用，煤矿采空区冒落高度增大、遗煤增多、漏风增加，自燃灾害更易发生，并多次引发采空区瓦斯燃烧和爆炸事故。据统计，全国70%以上的大中型矿井存在煤层自然发火危险，每年因煤自燃引起CO超限事故4 000余次。到目前为止，因火灾而封闭的工作面超过800个，冻结和损失煤炭资源约2亿t，并造成水资源、土壤、植被、大气层的严重污染，威胁到人类生存的环境。

经过众多学者的研究和现场实际，煤自燃防治技术手段得到不断发展，逐步建立起均压、灌浆、注惰性气体、注阻化剂、注泡沫或凝胶等新型材料抑制火灾发展，这些材料都为煤自燃防治提供了新的方法和途径，但仍存在一定的局限和问题。而聚合物凝胶是聚合物和交联剂按一定配比混合后通过物理或化学反应形成具有空间网状结构的类固体状态，是一种特殊的分散体系，具有良好的固水、堵漏、降温性能，近年来已广泛用于石油开采、污水处理、黏合剂及重金属回收分离等领域。因此，本书结合目前聚合物凝胶的研究现状，寻求一种适用于煤矿防灭火的聚合物凝胶，具备制备容易、成胶时间可调、稳定性好、适应性强等特点，集堵漏控风、充填加固、吸热降温于一体，从而达到防治采空区煤自燃的目的。

作者在前期大量初试试验的基础上，从众多的聚合物凝胶中优选出羧甲基纤维素钠（CMC）、交联剂柠檬酸铝（AlCit）和pH改性剂葡萄糖酸-δ-内酯（GDL），通过延迟交联反应制备了矿用CMC/AlCit防灭火凝胶。首先通过对该凝胶不同配比下成胶时间、成胶效果的考察，结合矿井防灭火相关要求，确定了用于封闭堵漏、扑灭高温火源、阻化浮煤自燃等不同条件下的凝胶配比，并根据使用过程中水中高价离子、初始pH值和温度等不同环境对配比进行调整，以取得最佳防灭火效果。其次，基于流变学测试分析，对 CMC/AlCit 交联体系整个成胶过程中流变性能进行了综合测试，该凝胶属屈服假塑性流体，其剪切稀化特性利于在管路中流动和在防灭火区域的堆积和封堵，同时具有良好的黏弹性和触变性，可有效封堵采空区裂隙和漏风，并减少有毒有害气体的涌出，适用于巷帮、高冒区等高位火灾的处理。然后利用作者研制的封堵性能装置、程序升温氧化装置、小型和中型灭火试验台（装煤量达 $2\ m^3$）对该凝胶的抗压性能、固水性能、热稳定性能、煤自燃阻化性能及其灭火效果进行了综合测试，结果表明 CMC/AlCit 凝胶通过润湿包裹，形成液膜隔氧；产生机械键合，堵塞漏风通道，降低氧气浓度；惰化煤体表面活性结构，降低反应速率；固结大量水分、吸热降温等几方面实现综合防灭火，具有安全性好、经济性好、稳定性好、火区复燃性低等优点。最后，综合理论研究成果，结合现场操作实践，建立了 CMC/AlCit 凝胶防灭火工艺，并在南峰煤业 9103 工作面进行了应用，有效治理了火区，从而为矿井火灾防治提供了一项新的技术手段，具有广阔的应用前景。

应该指出，CMC/AlCit 凝胶的防灭火性能通过小型和中型规模的实验室测试及在一个矿井的现场应用，虽然取得了较好的效果，但由于现场条件的差异性，应进一步验证和推广应用该凝胶灭火，并在应用中发现存在的问题，以适应在各种条件下的使用。

感谢国家自然科学基金面上项目“煤自燃过程中氢气生成动力学机理研究与标志性气体的协同预报”（项目编号：51274146），国家自然科学基金青年科学基金项目“相变溶胶化学沉积防治煤矿采空区自燃火灾基础研究”（项目编号：51604185），国家自然科学基金青年科学基金项目“不同形态水分参与煤自燃过程的热效应及反应机理研究”（项目编号：51704207）以及澳大利亚 ACARP 基金项目“Controlling Heatings and Gas Leakage with Innovative Polymer Gel Technique-Pilot-Plant Scale Testing”（项目编号：C22039）对本书出版的大力支持和帮助！

由于作者水平有限，书中难免存在不足之处，敬请批评指正。

作　者

2018 年 4 月

目　录

CHAPTER 1

绪 论

1.1 研究背景及意义

在过去的"十二五"期间，我国煤炭产量和消费量稳步增长，年均增速分别为1.8%和2.6%，2015年实现煤炭产量37.5亿t、消费量39.6亿t，均处于世界第一[1]。随着新能源的利用，煤炭在一次能源消费中比重有所下降，但仍占到64%，加之煤炭是我国经济、稳定、自主保障程度最高的能源，因此，在相当长时期内，煤炭作为我国主体能源的地位不会变化，煤炭工业是关系国家经济命脉和能源安全的重要基础产业[2]。

在煤矿开采过程中90%以上的矿井火灾是由煤自燃引起的[3]。特别是近年来，随着开采深度和开采强度的增大，采空区范围的扩大，综采放顶煤技术的普及和瓦斯抽采力度的加大，采空区遗煤增多同时漏风更为严重，使得矿井自燃火灾更为频繁，并多次引发采空区瓦斯燃烧和爆炸事故，如2013年3月29日，吉林省通化市八宝煤矿煤自燃封闭火区引发瓦斯爆炸并造成36人死亡。据统计，全国70%以上的大中型矿井存在煤层自然发火危险，每年因煤自燃引起CO超限事故4 000余次。到目前为止，因火灾而封闭的工作面超过800个，冻结和损失煤炭资源约2亿t[4]，并造成水资源、土壤、植被、大气层的严重污染，威胁到人类生存的环境[5,6]。

煤自燃是具有自燃倾向性呈破碎状态堆积的煤在适量的通风供氧条件下，发生一系列物理、化学反应并放出热量，当放出的热量大于向外界环境散失的热量时，就会引起煤温升高，进而促进热量的释放，并最终导致煤自燃，是一个复杂的自加热过程[7,8]，是煤与氧气在特定环境下综合作用的结果，具有以下特点[9,10]：① 火源位置一般在距煤体暴露面的一定深度，比较隐蔽且呈立体分布；② 在自然对流和温差作用下形成气体的热力循环供氧，使得火区氧气浓度能维持在一定水平，加之煤低温贫氧氧化特性，火区难以熄灭；③ 由于自燃发展缓慢，一旦形成火区则蓄热量较大，而松散煤岩体组成的多孔介质散热性较差，热量不易散失，火区易复燃。

煤自燃防治应在消除供氧条件的同时破坏蓄热环境，因此，研究一项集堵漏控风、充填加固、吸热降温于一体的防治煤层自燃的新技术及新材料迫在眉睫。

1.2 国内外研究现状

1.2.1 煤自燃火灾防治技术

国内外普遍采用均压、堵漏、灌浆和注惰性气体等技术来防治煤层自燃[11,12]，这些技术均在不同情况下取得了良好的防治效果，对保障矿井的安全生产起到了重要作用，但也存在着一定程度的不足。

1.2.1.1 均压防灭火技术

均压防灭火技术是在 20 世纪 50 年代由波兰学者 H.Bystron[13] 提出，在准确测定矿井通风参数的基础上，通过风窗、风机或连通管等调压设施减少防灭火区域漏风通道两端的压差，以减少漏风供氧及有毒有害气体的扩散，从而抑制自燃、惰化火区，具有工艺简单、成本低等优点，在我国煤矿现场得到广泛使用。

任万兴等[14]在扩大回撤通道和设备回撤两个时期分阶段实施均压防灭火技术，减少张双楼煤矿 9421 工作面内部漏风，解决了近距离易自燃煤层群工作面撤架期间采空区浮煤自燃的问题。

丁盛等[15]在均压过程中根据现场风压的变化，及时调整工作面风量，实现采空区内外风压的动态平衡，降低了地面漏风压差和采空区漏风，抑制了工作面火区的发展。

由于均压防灭火技术要求高，在实际应用过程中，往往受到操作管理等诸多因素的限制，尤其在井下漏风严重时，其效果大打折扣，因此在一些复杂条件下较难应用。

1.2.1.2 堵漏防灭火技术

堵漏防灭火技术主要是采取各种技术措施对漏风通道进行封堵，从而减少或杜绝氧气的供给和有毒有害气体的泄漏。该技术发展迅猛，相继研究了多种适用于煤矿井下的堵漏风材料，并在数十个国家推广应用。

按基材成分不同，堵漏风材料主要包括无机材料和有机材料两大类，现场应用较多的有：水泥、粉煤灰、高水速凝材料、高分子胶体、马丽散泡沫、罗克休泡沫、复合泡沫等。其中水泥浆抗动压性差、回弹多；而马丽散等密封性好、抗压性强，但成本较高，且高温下易分解出有毒有害气体。

邬剑明等[16,17]通过对聚氨酯弹性体进行纳米改性处理，提高了材料的热稳定性和阻燃性，降低了吸水率，在国内多家煤矿进行了应用，取得了良好的堵漏风效果。

胡相明[18]以苯酚、尿素和多聚甲醛为聚合单体合成酚—脲—醛树脂，并通过玻璃纤维与纳米黏土进行改性，制备了矿用充填堵漏风新型复合泡沫，具有发泡温度低、收缩率小、抗压强度高、热稳定好等特点。

1.2.1.3 灌浆防灭火技术

灌浆技术利用浆材包裹煤体、堵塞通道，隔绝煤体与氧气的接触，同时发挥浆液中水的吸热降温作用，目前已形成地面固定式和井下移动式灌浆相结合技术体系，并在灌浆材料上从传统的黄土向粉煤灰、页岩、矸石等多种材料发展和应用，该技术工艺简单、效果稳定可靠，是煤矿最主要的防灭火技术措施之一。

王德明等[19]通过在砂浆中加入由多糖聚合物制备的 KDC 稠化添加剂，使浆液具有很强的悬砂能力，同时降低了流动阻力。

邓军等[20]通过在粉煤灰灌浆系统中加入悬浮剂提高了浆液的流动性，实现了管路远距离输送和流动范围的控制。

题正义等[21]通过数值模拟确定了综放工作面倾角在 20°～40°时，采空区灌浆管口设置在回风侧距工作面 44～48 m 处防灭火效果最佳，为现场实践提供了参考。

由于灌浆浓度在实际操作时难以控制，浆液易形成“拉沟”现象，不能均匀覆盖煤体，对于高位火灾难以彻底降低温度。

1.2.1.4　注惰性气体防灭火技术

注惰性气体技术是将惰性气体（主要是 N_2 和 CO_2）注入防灭火区域，这些惰性气体是无毒物质，并且几乎不参与燃烧反应。大量惰气的注入导致有限空间内氧气浓度降低，抑制煤的燃烧，同时可预防瓦斯爆炸，其防灭火效果与注氮参数和工艺密切相关[22]。

朱红青等[23]设计了旋转牵引方式的非间隔式注氮防灭火工艺，提出了非间隔式注氮防灭火工艺的动力参数计算方法。

文虎等[24]依据采空区自热氧化带的分布规律，理论计算了采空区注氮的最佳参数，强调了注氮口位置对灭火效果的影响。

李宗翔等[25]通过对 Y 形通风系统工作面注氮效果的数值模拟，研究发现进风侧氮气扩散至采空区后便直接取代渗入风流，极大地降低了氧气体积分数，达到良好的灭火效果。

周春山等[26]研究了液态 CO_2 灭火技术工艺及相关参数，在和顺一缘煤矿 150105 工作面注液态 CO_2 惰化灭火，迅速控制了火区 CO 浓度。

由于气体的扩散性强，注入的惰性气体虽可充满整个空间，但同时也容易泄漏，并且对大热容的煤体降温效果不好，灭火周期长、火区易复燃。

1.2.2　矿井防灭火材料

1.2.2.1　阻化剂

阻化剂是阻止煤炭氧化自燃的化学药剂，通过隔氧窒息、冷却降温的物理方法或以惰化煤氧化反应过程中的活性基团的化学方法，抑制或延缓煤的氧化，成本低廉、工艺简单，但由于阻化剂对不同的煤样具有选择性，不同的阻化剂对不同煤样的阻化效果也不尽相同[27]，近年来各种新型复合阻化剂得到广泛的研究和应用。

董希琳[28]在天然聚合物 DDS 中加入铵盐、抗氧化剂、电解质、表面活性剂等研制了 DDS 系列复合水溶液阻化剂，通过覆盖煤表面活性中心和捕获煤氧化反应生成的自由基，证明该类阻化剂对烟煤自燃具有良好的抑制作用。

肖辉等[29]通过在水玻璃中添加高聚物分子、表面活性剂等材料制备了新型高聚物阻化剂，并测试了其阻化效果，阻化率达到 90%以上。

杨漪[30]采用原位共沉淀法将 LDHs 与 6 种煤样复合形成煤基矿物复合材料（CLCs），实验结果表明：LDHs 在升温过程中能够延缓煤中活性官能团的氧化分解，同时吸收热量，从而预防和控制自燃。

1.2.2.2　泡沫

针对采空区自燃火源难以定位且呈立体分布的特点，泡沫防灭火以其良好的流动性和堆积性,可对远距离中高位立体空间进行灭火而逐渐得到应用。常用的泡沫主要有惰气泡沫、三相泡沫、固化泡沫和凝胶泡沫。

(1) 惰气泡沫

惰气泡沫是通过在水中加入气泡剂、稳泡剂等,在惰性气体的作用下物理发泡而成,在我国20世纪90年代引入到采空区自燃火灾防治之中[31]。该泡沫由于起泡倍数低、稳定性较差,稳定时间短,在注入采空区过程中容易破裂,需要大流量长时间持续产生泡沫,一旦停止则可能引起复燃。

(2) 三相泡沫

针对我国复杂的煤矿开采条件,中国矿业大学王德明教授在2000年研发了由固态不燃物(粉煤灰或黄泥等)、惰性气体(N_2) 和水通过发泡装置将固态不燃物均匀地附着在泡沫壁上,泡沫内充满惰性气体,从而形成气—液—固三相体系的泡沫。该三相泡沫集氮气、泡沫和灌浆技术的综合防灭火功能于一体,利用浆材的覆盖性、惰气的窒息性和水的吸热降温性,实现煤自然发火的预防和治理[32-34]。

时国庆[35]对三相泡沫在采空区中的流动特性进行了详细的研究,指出该泡沫属屈服假塑性流体,构建了其流动本构方程,优化了三相泡沫的应用工艺。

李孜军等[36]通过在水泥灰溶液中加入发泡剂、稳泡剂后通入氮气或空气在发泡器充分搅拌混合下形成水泥灰三相泡沫,具有很好的覆盖性、堆积性和阻化性,可有效防治高硫矿石的自燃。

(3) 固化泡沫

奚志林[37]利用树脂液、催化剂、发泡剂和固化剂等制备了一种矿用防灭火有机固化泡沫,并测试了其发泡倍数、固化时间、阻燃性和堵漏风等性能。

鲁义[38],Qin 等[39]通过复合浆液与水基泡沫的混合制备了一种高倍数无机固化泡沫及配套发生装置,并开展了堵漏与防灭火实验和工程的现场应用,结果表明该固化泡沫可用于裂隙的充填加固、堵漏隔风,抑制煤炭自燃。

(4) 凝胶泡沫

凝胶泡沫是将聚合物和发泡剂分散在水中,在气体的作用下发泡并经一段时间后,聚合物在泡沫液膜内形成三维网状结构,该凝胶泡沫兼有凝胶和泡沫的双重性质,具有良好的封堵性能和阻化性能,从而提高了防灭火效果[40]。

张雷林[41,42]结合泡沫与凝胶的优点,将表面活性剂、交联剂和高分子溶液经机械发泡形成稳定性较强的凝胶泡沫材料,具有良好的阻化性能与封堵性能。

于水军等[43]利用新型无机发泡凝胶对平顶山十三矿工作面回风巷高冒区托顶煤火灾进行处理,取得了良好的效果。

秦波涛等[44]研制了具有延迟交联和成膜功能的高效凝胶泡沫,探究了其形成过程、影响因素以及其封堵漏风和防热辐射特性。

1.2.2.3 气溶胶

气溶胶是指粒径大部分小于1 μm 的液体或固体的微细颗粒悬浮于气体介质中的一种物系,具有胶体性质。由于其颗粒粒度极小,具有比表面积大、悬浮时间长、扩散速度快等特点,并通过物理、化学作用实现灭火[45]。

Korobeinichev 等[46]通过含碘化合物与有机磷溶液制备冷态气溶胶,实验证明其拥有良好的灭火效率,所需的体积流量仅为纯水的 1/30。

邓军等[47]通过自制的超音速雾化装备制取了超细水雾气溶胶,并分析了不同条件下雾滴粒径的分布,选出了最佳气溶胶制备条件。

Zhang 等[48]对热气溶胶技术的现状进行探讨,认为热气溶胶的灭火主要依靠吸热降温与化学抑制,清洁无腐蚀的热气溶胶是将来的发展方向。

1.2.2.4 胶体

胶体防灭火的研究在 20 世纪 90 年代开始得到深入研究,并作为一种快速灭火技术在煤自燃防治中被逐渐采用,目前已发展成一系列胶体灭火材料、多种灭火工艺和配套灭火设备的成套技术[49]。常用的矿井防灭火凝胶有:无机凝胶类、有机凝胶类、复合胶体、稠化胶体和温敏性水凝胶等。

(1) 无机凝胶类

在电解质作用下或利用化学反应溶胶经胶凝作用均可形成凝胶,但电解质制备凝胶时对水质要求很高,且形成的胶体稳定性较差、易老化,在煤矿现场的应用受到限制;化学反应生成凝胶则相对容易,且热稳定性好、失水慢、成胶工艺简单,便于现场应用,其中最典型的是硅酸凝胶。硅酸凝胶主要以硅酸钠溶液($Na_2O \cdot nSiO_2$)为基料、氨盐为促凝剂(碳酸氢氨成胶过程最稳定、用量最少),形成具有三维网状结构的水凝胶,在现场取得了良好的效果[50,51],但在成胶过程中会产生刺激性气体,恶化工作环境[52]。

许多黏土矿物质(膨润土、海泡石、蒙脱石、硅藻土等)具有高吸水性,当其溶解在水中后,大量的水进入矿物的层间或与矿物反应形成结晶水,其吸水倍率可达自身质量的数百倍,可以达到固水的作用,从而形成凝胶。其胶体的耐温性极好,也有一定的阻化性,但易于脱水,同时受到矿物的纯度、结晶度影响较大,性质不稳定。

(2) 有机凝胶类

有机凝胶目前主要利用亲水性高分子材料吸收大量水分形成的,这些材料主要包括纤维素、蛋白质、明胶等天然高分子材料,人工合成及改性的纤维素醚、黄原胶、聚氨酯树脂、乙烯醇等。由于单一材料合成的高分子材料的亲水官能团比较单一,用含有大量离子的矿井水进行制备胶体时效果不甚理想,常采用多种单体共聚的方法形成的含有多种亲水官能团的吸水高分子材料[49]。

(3) 复合胶体和稠化胶体

复合胶体是在泥浆中加入少量基料制备而成的,所用的基料可分为无机矿物类和线性高分子类,泥浆颗粒充填在基料形成的网状胶体结构之间,可增加胶体的强度[53];稠化胶体是在泥浆中加入少量具有悬浮分散作用的添加剂改善浆液的流动性[54,55],两者形态不同,所用基料既有相同之处也有不同之处[56,57],该类胶体的性质主要受胶凝原料性质的控制。

Zhang 等[58]通过在黄泥浆中加入聚合物凝胶后具有更好的流动性、均匀性和更短的成胶时间。

王刚[59]通过在五水偏硅酸钠和碳酸氢钠中添加聚丙烯酰胺形成新型高分子凝胶,具有阻化性能强、渗透性好和吸热量大等优点,可有效控制巷道高冒处自燃火灾。

周佩玲等[60]通过在黄泥浆中添加聚丙烯酸钠和聚丙烯酰胺高分子材料,可使复合浆液具有更好的流动性和靶向性。

(4) 温敏性水凝胶

温敏性水凝胶是指随着温度的变化凝胶的性质发生改变，该类凝胶当温度在低临界溶解温度（LCST）以下时呈溶胶状态，黏度低，流动性好；当其温度高于 LCST 后，溶胶向凝胶发生转变，黏度增加，从而能长时间滞留于着火物表面，提高了灭火的封堵、窒息和降温的作用[61]。

邓军等[62]采用相分离法合成了 P(NIPA-co-SA)温敏性高分子水凝胶，发现当温度高于 90 ℃时凝胶发生体积相转变，表面张力降低，黏度明显增高，并利用自行搭建的 A 类灭火实验台进行了灭火实验，灭火效果优于水与普通凝胶。

综上，胶体防灭火材料丰富，又有各自独特的性质，在火灾处理时应根据矿井的条件和发火特点，选择合适的胶体材料、配比及工艺。

1.2.3 聚合物凝胶

聚合物凝胶是聚合物和交联剂按一定配比混合后通过物理或化学反应形成具有空间网状结构的类固体状态，是一种特殊的分散体系[63]，具有良好的固水、堵漏、降温性能，已广泛用于石油开采、污水处理、黏合剂及重金属回收分离等领域[64-67]。

1.2.3.1 聚合物凝胶交联机理研究方法

目前主要通过黏度法、流变学法、紫外—可见吸光光度法、原子力显微镜法、动态光散射法等[68]研究聚合物凝胶的交联机理。

(1) 黏度法

交联聚合物溶液向凝胶转变最直观的特征是体系黏度的突然增大，因此，通过测定交联体系成胶过程中黏度的变化，可表征体系的胶凝程度。

Wang 等[69]根据 HPAM/Cr(Ⅲ)体系交联过程中黏度的变化，将交联过程分为诱导期、加速期和终止期共三个阶段。

段洪东[70]利用黏度法研究了 HPAM/有机铬(XL-2)体系的交联动力学，得到其表观交联动力学方程。

(2) 流变学法

流变学法是通过向交联体系施加一小振幅的应力，测量该应力下产生的应变，由于聚合物体系具有应力应变松弛行为，测得的应力变化总是滞后于所施加的应变变化，因此，聚合物体系具有黏性和弹性双重特性，通过研究交联过程中体系黏性和弹性的变化，可反映该凝胶体系的交联程度和交联机理。

段洪东等[71]通过研究 HPAM/Cr(Ⅲ)体系的储能模量和损耗模量随时间变化规律，将交联过程分为第一上升阶段、平缓上升阶段和第二上升阶段，并推测了该体系的反应机理如下：HPAM 与 Cr(Ⅲ)首先发生线性大分子内交联，黏度变大，形成第一上升阶段；然后分子间交联开始产生，但参与的线性分子较少，交联速率较为缓慢，形成平缓上升阶段；最后大量的分子都参与分子间交联，形成空间网络结构，体系黏弹性显著上升，形成第二上升阶段，并且成胶速率随着反应物浓度的增加而增加。

(3) 紫外—可见吸光光度法

紫外—可见吸光光度法是测定特定波长下体系的吸光度随时间的变化率，研究体系的交联反应。

Kleveness 等[72]根据 570 nm 处 HPAM/Cr(Ⅲ)交联体系吸光度随时间的变化，认为该体系的交联反应分为快速反应阶段和慢速反应阶段，是一种双阶段反应，反应计算在1.0～1.3之间，并利用最终吸光度的值 D_∞ 与[PCOO⁻]₀/[Cr(Ⅲ)]₀ 作图，发现 D_∞ 先随着 $[PCOO^-]_0/[Cr(Ⅲ)]_0$ 浓度的增大而增大，在超过2.3以后基本不变，说明该反应是不可逆反应，交联比 $[PCOO^-]_0:[Cr(Ⅲ)]_0=2.3:1$。

(4) 原子力显微镜法

原子力显微镜法(AFM)是通过研究交联体系成胶前后纳米结构的变化，分析聚合物浓度、交联剂浓度对凝胶结构的影响。

谭忠印等[73]利用AFM发现HPAM/Cr(Ⅲ)交联体系的生长过程是扩散置限的分形生长过程，其形成是靠交联剂分子在聚合物中的无规则扩散并与之发生化学反应而成的，因为是集团间的凝聚，故也称为“有限扩散集团凝聚”(diffusion-limited cluster aggregation)，其中交联剂的浓度对凝胶的结构有很大影响，但不影响其交联机理，其相应参数满足Laplace方程，可通过密度相关函数法或凝聚体回转半径法确定。

陈艳玲等[74]采用AFM对聚丙烯酰胺分别和 Cr^{3+} 及酚醛形成的胶态分散凝胶微观结构的显微图像分析，发现最终都形成具有自相似性的树枝状分形图像，这些单个小树杈分形体都是由纳米级的颗粒紧密堆积而成。

(5) 动态光散射法

动态光散射技术是通过散射光强度与时间的相关函数测得凝胶离子的粒度及其分布，研究流体、晶体、液晶和凝聚态物质的分子构象变化和动态特性[75]，可表征高分子线团并判断溶液中高分子与溶剂分子的相互作用情况；判断大分子链及微粒的形态；表征微乳胶粒子并跟踪微乳液聚合的动态过程；跟踪凝胶化过程并可用于表征凝胶的动态行为；判断高分子溶液的多分散性和分散相密度的变化以及研究大分子缔合过程。

左椝[76]根据凝胶反应过程中出现凝胶化点时光散射性能发生突变的观点，得到凝胶化点、凝胶化反应速率、相分离点等表征凝胶化反应的参数。

Li等[77]用动态光散射法对HPAM/AlCit交联体系的尺寸及构造进行了研究，发现交联聚合物形成的线团是球形的，与常规的聚合物溶液线团为线状的不同，且其尺寸随着聚合物分子量的增大而增大。

康万利等[78]根据动态光散射原理，通过Rheolaser微流变仪研究了HPAM的微观流变特性，实验表明，随着HPAM相对分子质量的增加、NaCl浓度的降低、反应温度的降低以及初始pH的增加，HPAM溶液的黏弹性增加。

1.2.3.2 聚合物凝胶流动特性研究

聚合物凝胶体系在混合后一定时间内才能成胶，在注胶泵、输胶管路、灌注区域流动过程中呈流体状，要求其在管道中应易于流动，而达到指定的区域后能快速成胶并滞留堆积，其流动特性对现场的应用工艺、设备选型及其性能等有着重要影响，是影响施工效果的关键参数之一。

孙爱军等[79]通过对低浓度部分水解聚丙烯酰胺与柠檬酸铝交联体系流变性的研究表明：交联聚合物溶液在不同剪切速率范围内表现出不同的流变性。

牛会永[80]通过对防灭火胶体在管道中流动特性的实验研究表明，添加了线性高分子的胶体，对管道壁有润滑作用，降低流体的横向脉动，减少高速流动过程中的阻力。

郭立红[81]发现聚酰胺溶液的表观黏度随剪切速率的增加而减少，表现为非牛顿假塑性流体特性。

赵大成[82]通过对聚丙烯酰胺水溶液流变学性质研究表明：HPAM 溶液呈剪切变稀的特点。在流场中大分子链段的取向是引起高聚物溶液非牛顿性的根本原因。在剪切速率极低时，大分子的构象分布不变，剪切黏度为常数，呈牛顿流体；当剪切速率较大时，长链分子沿链段进行取向，分子构象发生变化，使分子链解缠结并彼此分离，相对运动更加容易，这时黏度随剪切应力（或剪切速率）的增加而下降；当剪切速率很高时，大分子的取向达到极限状态，取向程度不再改变，缠结也不再存在，再一次呈现牛顿性。

赵建会等[83]通过对比在粉煤灰浆液中加入聚丙烯酰胺复合胶体添加剂 PA 前后浆液的流动性能，认为该复合胶体材料在管道中以较高速度流动时具有减阻性，利于管道的输送；低速流动时，大量滞留在煤层裂隙中，利于堵漏风和灭火。

1.2.4 防灭火材料性能研究

防灭火材料应在消除供氧条件的同时破坏蓄热环境，即同时具备堵漏、阻化、降温等性能于一体，目前一般通过程序升温氧化法、绝热氧化法、热重分析法、差示扫描量热法、红外光谱分析法等分析实验过程中指标气体的生成速率、交叉点温度、活化能、重量、热量以及官能团变化，并结合各种实验炉灭火试验及现场应用，分析材料的防灭火性能及机理。

陆伟等[84]基于程序升温氧化法重新计算了几种阻化剂的阻化率，发现阻化剂的阻化作用随温度的变化而变化。秦波涛等[85]利用煤自燃特性实验系统采用程序升温方式研究了经三相泡沫处理前后煤样的升温速率、CO 生成速率的变化，结果表明三相泡沫的阻化效果明显。Schmal 等[86]提出了基于程序升温的阻化性能测试方法，通过考察煤样程序升温过程中标志性气体、交叉点温度以及活化能等参数的变化，说明防灭火材料对煤自燃过程的阻化作用。邓军等[87]采用煤自燃程序升温试验装置，对黄土复合胶体和由水玻璃、粉煤灰形成的复合胶体等不同胶体防灭火材料下各煤样升温速率、CO 产生率、耗氧速率等参数的测试，分析判定各种胶体材料的阻化性能。欧立懂[88]利用有机高分子材料和无机物复配成新型复合胶体，研究了高温下失水率以及程序升温氧化下煤样 CO 生成率的变化，结果表明该胶体具有良好的吸热性、保水性和阻化性。Xu 等[89]通过程序升温法分析了添加悬砂胶体前后指标气体、临界温度以及活化能等参数的变化，得出悬砂胶体的加入可提高煤样的活化能及临界温度，减少 CO、C_2H_4 等气体的生成量，有效抑制煤的自燃。Ren 等[90]采取一定的绝热装置和措施，实现了通过煤自身热量的积聚使煤温度上升并最终达到着火点而燃烧起来。陆伟等[91]研制了 100 g 左右小煤样的绝热氧化实验设备，并实现了 3 种煤样自然发火过程的模拟试验研究。仲晓星等[92]采用自行研制的程序升温实验设备对 3 种不同变质程度煤样的升温氧化实验，求解的煤自燃临界温度结果与绝热方法基本一致。

邓军等[93]研究了高水胶体的胶凝时间、黏度、强度、失水性及渗透性等性能，为现场应用提供了指导作用。余明高等[94]通过热重—红外光谱实验对 3 种不同自燃倾向性煤进行动力学研究，提出了活化能可作为煤氧化自燃性大小的一个指标。张辛亥等[95]利用 TG/DSC/FTIR 联用技术对自制的锌镁铝水滑石粉状复合阻化剂（LDHs）阻化效果进行了实验，结果表明在添加该阻化剂后，煤着火点温度提高、吸热量增多、CO 释放量明显减少，有效抑制了煤的氧化。董宪伟等[96]通过热重实验分析了次磷酸盐添加前后煤自燃氧化过程中热特性曲线和特征温度的变化，结果表明次磷酸盐可破坏煤分子中易被氧化的活性基团,中断煤自燃链式反应。

任万兴等[97]通过对泡沫凝胶的固水特性、扩散特性以及封堵漏风性能进行综合测试,阐述了该凝胶的防灭火技术特点及防治机理,并在煤矿现场进行了实际应用,取得了良好的效果。赵建国等[98]用快硬硫铝酸盐水泥、粉煤灰、水玻璃和外加悬浮剂,一步混合法制备了三元复合胶体防灭火材料,该胶体材料能够包裹覆盖煤体、降低煤表面结构活性、防止煤氧接触、吸热降温等,集高水、速凝、堵漏、隔氧、降温与阻化于一体,既能防火,也能灭火。Ma等[99]通过聚丙烯酸、海藻酸钠和抗坏血酸研制了新型的缓释放水凝胶 PS-C,并基于自由基理论分析了该凝胶对煤自燃的阻化机理。其他学者通过不同凝胶材料的防灭火试验,证明凝胶防灭火具有一些共性的作用机理[100],主要表现在隔绝煤氧接触、保持煤体湿度、提高煤表面活性基团的活化能并加快热量的散失,从而抑制煤炭自燃。

1.3 问题的提出

综上所述,煤自燃的有效防治仍是国内外学者面临的难题,并致力于新技术和新材料的研究与开发,其中高分子聚合物材料的发展速度及应用范围大大超过了传统材料,其形成的凝胶具有固水、堵漏、降温等功能,在石油开采、污水处理、重金属回收分离等领域得到广泛应用,但作为矿井防灭火材料的研究在国内外刚刚开始。Xue 等[101-105]从理论上论证了 CMC/AlCit 聚合物凝胶可用于矿井自燃火灾的防治,并开展了相应的瓶试实验,取得了一些成果,但其流动特性、防灭火特性及应用效果还有待进一步研究。

因此,本书拟根据国内外研究成果,通过实验与理论研究,在确定 CMC/AlCit 凝胶配比的基础上,测试其流变特性、阻化性能及防灭火性能,并进行实验室和现场灭火效果的检验,从而为煤矿提供一种制备容易、成胶时间可调、胶体寿命长、热稳定性好、成本低、防灭火效果好的新型防灭火凝胶,对于提高矿井的防灭火水平,保证煤矿的安全生产具有重要意义。

1.4 研究内容及技术路线

1.4.1 研究内容

本书的主要研究内容如下:

(1) 通过瓶试实验考察不同 CMC、AlCit 和 GDL 添加量下的 CMC/AlCit 凝胶体系的成胶时间及稳定性,结合现场防灭火工艺的要求,确定 CMC/AlCit 凝胶体系的配比;并对使用过程中可能出现的相关影响参数(如水中盐离子、初始 pH 值、温度等)进行研究,从而为其实际应用提供参考。

(2) 通过流变仪测试不同条件下 CMC/AlCit 交联体系黏度及黏弹性的变化,研究该交联体系的流变学特性,进而推导出相应的本构方程,并阐述凝胶的成胶途径。

(3) 分别通过封堵性能测试、黏结性能测试、热稳定性测试、程序升温氧化实验、热重实验、差示扫描量热实验以及红外光谱分析等,研究 CMC/AlCit 凝胶的堵漏风性能、黏结性能以及对煤升温过程中指标气体、交叉点温度、活化能、质量、热量及官能团的影响，分析其阻化性能。

(4) 通过自制的小型和中型灭火实验台，进行不同条件下的 CMC/AlCit 凝胶模拟灭火实验，检验 CMC/AlCit 凝胶灭火效果，进而阐述凝胶灭火机理。

(5) 将研究成果应用于现场实践，提出不同条件下 CMC/AlCit 凝胶灭火现场工艺及操作方案，并进行现场应用。

1.4.2　技术路线

基于上述研究内容和方法，本书采用实验研究与理论分析相结合的方法分析不同物料配比、温度、pH、水质等对成胶时间、成胶效果的影响，结合煤矿防灭火施工要求，确定不同条件下 CMC/AlCit 凝胶体系的配比，并在实际使用过程中根据水中盐离子、初始 pH 和使用温度等参数进行调整；通过对交联体系黏度和流变性能的测定，得到凝胶流变本构方程及流变动力学，为凝胶体系的输送提供参考，并阐述凝胶的成胶途径；通过堵漏风实验、胶结性能测试、热稳定性测定、程序升温氧化实验、热重实验、差示扫描量热实验以及红外光谱分析，考察凝胶对煤自燃进程的阻化性能；最后通过自制的小型和中型灭火试验，测试 CMC/AlCit 凝胶的防灭火性能，分析其防灭火机理，提出现场操作方案及工艺，并在现场进行应用。具体的技术路线如图 1-1 所示。

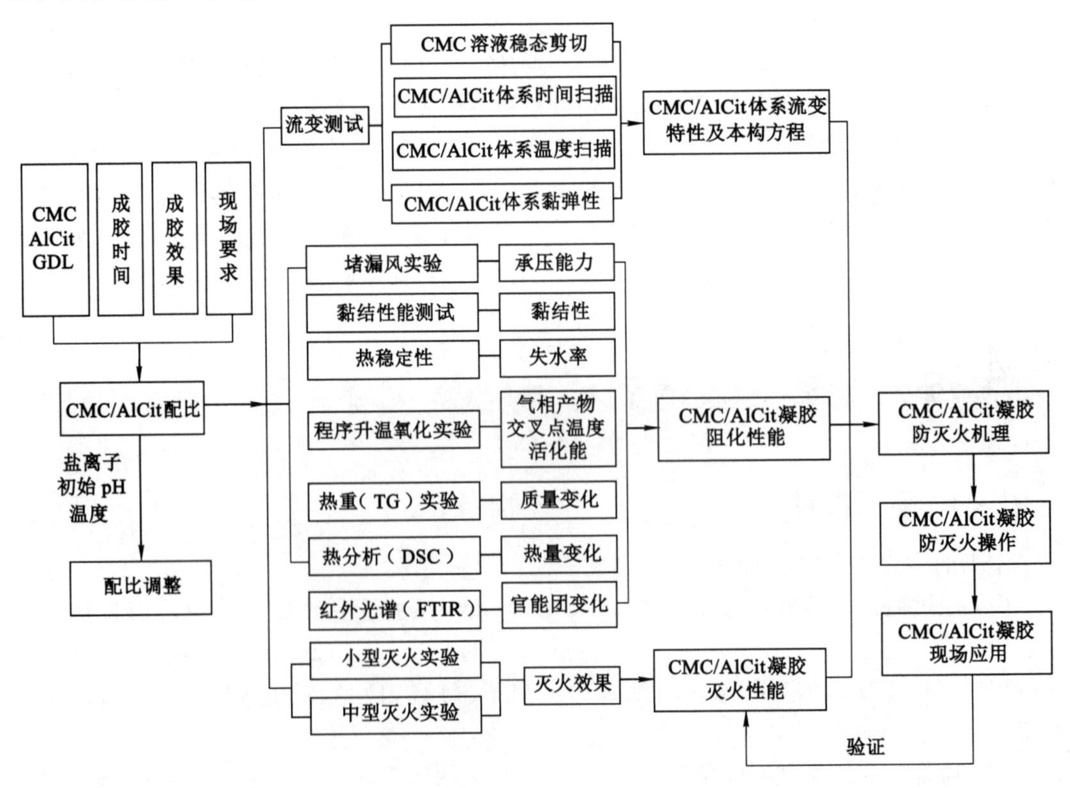

图 1-1　技术路线简图

CHAPTER 2

CMC/AlCit 凝胶的制备及影响因素

根据防灭火目的、要求及工艺，确定合适的CMC/AlCit凝胶配方，直接关系到凝胶的性质，是保证CMC/AlCit凝胶良好应用的前提。

本章以工业用CMC为原料，用自制的AlCit为交联剂，GDL为pH改性剂，通过瓶试实验考察不同CMC、AlCit及GDL添加量下交联体系的成胶时间及成胶效果，结合防灭火工艺的要求，优选出最佳的配比，并对使用过程中相关影响因素进行分析，从而为现场的实际应用提供参考。

2.1 原材料及其性质

CMC/AlCit凝胶基料主要由CMC、交联剂和改性剂组成，具体原材料及特性如下：

2.1.1 羧甲基纤维素钠(CMC)

羧甲基纤维素钠是天然纤维素(如木浆)的羧甲基化衍生物，其纤维素分子上葡萄糖分子中羟基被羧甲基醚化取代，其分子结构如图2-1所示。由于羧甲基纤维素极难溶于水，实际应用时主要以其钠盐为主，因此将羧甲基纤维素钠简称为CMC。

CMC与天然纤维素结构相似，只是纤维素D-葡萄糖酐环上羟基(—OH)的氢原子被羧甲基(—CH_2COOH)所取代，分子链的连接形式未改变，其性质与取代度有关。CMC在水中容易溶解，是一种水溶性纤维素醚，具有来源广泛，价格低廉，集悬浮、乳化、增稠、成膜、持水、稳定等多功能于一体，且其分子结构中含有大量的羧基(—COOH)可以与各种多价阳离子作用形成具有三维网格结构的水凝胶，被广泛应用于石油、造纸、建筑、纺织、印染等行业，是纤维素醚类中产量最大、用途最广、使用最方便的产品[106]，有工业“味精”之称，因此本次聚合物选用CMC。

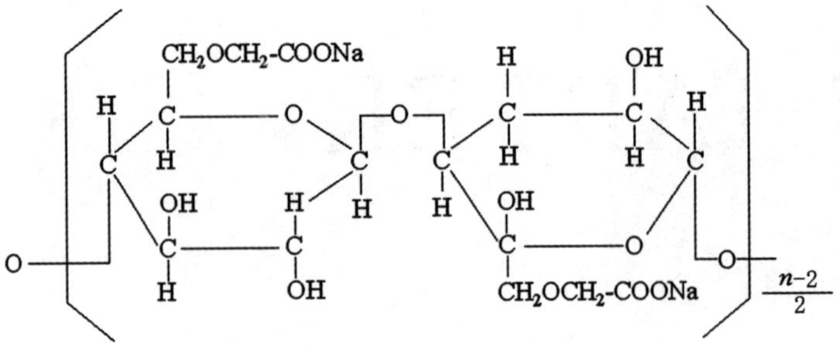

图 2-1 羧甲基纤维素钠(CMC)分子结构

2.1.2 交联剂的选择

聚合物溶液需要通过交联剂在分子间搭桥，使线性大分子交联形成网状结构，从而形成凝胶[107]。所用的交联剂应无毒、无害，不污染环境，能够与聚合物基团发生交联反应，同时该反应速度适宜，可按需调节。

交联剂广义上可分为金属交联体系和有机物交联体系，其中有机交联剂主要通过有机分子和聚合物上的侧链基团反应形成共价键交联成三维网状结构，常用的包括酚醛类、聚乙烯亚胺、醛化合物、脲醛树脂等，能够适应较宽的温度应用范围并保持凝胶的稳定，但具有一定毒性，同时污染环境，因此本次采用金属交联体系，即选择能够与 CMC 分子结构中带负电荷的羧基(—COOH)产生离子键合反应带正电荷的高价金属离子交联剂来制备凝胶。目前研究较多的高价金属包括 Cr(Ⅲ)、Cr(Ⅶ)、Al(Ⅲ)、Zr(Ⅴ)等[108]，其中 Cr 离子具有一定的毒性；Zr 离子具有交联 pH 范围广、黏度高、耐温性能好等特点，在现场取得较好的效果[109,110]，但价格较高；而铝盐具有无毒性和价格便宜，应用范围更为广泛，因此选用铝离子作为高价金属离子交联剂。

高价金属交联体系又可分为聚合物/金属交联体系和聚合物/有机金属交联体系，其中金属交联剂中金属与聚合物成胶倾向强烈，成胶时间无法控制，而防灭火现场施工要求成胶时间易于控制，所以常常通过加入与高价金属离子形成水溶性金属螯合物的螯合剂，形成配位键，降低高价金属离子与聚合物侧链基团的配位速度，延缓交联时间，常用的螯合剂多是一些羧酸类化合物，如柠檬酸、乳酸、葡萄糖酸、酒石酸等[111]，其中应用最为广泛的是柠檬酸，利用柠檬酸羟基中氧原子的孤对电子与 Al^{3+} 形成配位体，当条件发生改变时，铝离子就逐渐释放出来，用于交联形成网络结构，因此本书选用柠檬酸铝(Aluminum Citric acid，以下简称 AlCit)作为交联剂。

2.1.3 pH 改性剂的选择

聚合物与金属交联体系交联作用的核心就是中心离子，而由于柠檬酸铝中的 Al^{3+} 与柠檬酸羟基的配位作用使得 Al^{3+} 不容易释放，起到延缓交联的作用，在使用时需要通过添加有机酸或无机酸调节 pH 来活化 Al^{3+}，将 Al^{3+} 从络合交联剂中离解出来，从而控制凝胶的成胶时间。

目前常用的 pH 改性剂有：反丁烯二酸酸酐、内酰胺、乳酸内酯、乙醇酸内酯、葡萄糖酸-δ-内酯等，其中葡萄糖酸-δ-内酯(Glucono Delta Lactone，以下简称 GDL)使用较为广泛且成胶效果好，因此，本书选用 GDL 作为 pH 改性剂。

聚合物与金属离子的反应如图 2-2 所示(M 代表金属离子)[112]。

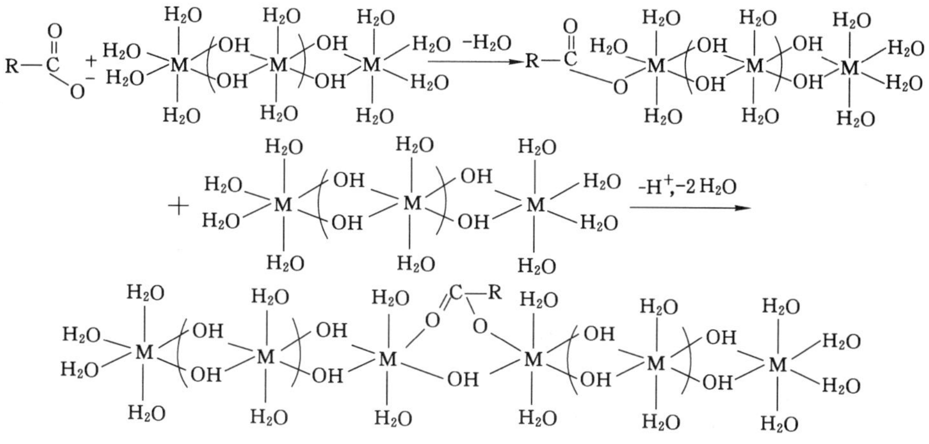

图 2-2　聚合物与金属离子反应式

2.1.4　实验用原料及仪器

本次实验用原料如表 2-1 所示，其中柠檬酸铝由聚氯化铝和柠檬酸配制而成。

表 2-1　实验原料

序号	名称	生产厂家
1	羧甲基纤维素钠	工业品，西安富士得生物公司，取代度 0.85
2	聚氯化铝	工业品，北京海畅清环保有限责任公司
3	柠檬酸	工业纯，北京化工厂
4	氢氧化钠	分析纯，北京化工厂
5	葡萄糖酸-δ-内酯	工业品，安徽省兴宙医药食品有限公司
6	水	纯净水

实验用主要仪器有电子天平、电动搅拌器、pH 计、烧杯、漏斗、秒表等。

2.2　CMC/AlCit 凝胶的制备

2.2.1　制备方法

聚合物凝胶的制备方法主要有两种，一种是通过共价键交联形成化学凝胶；另一种是通过范德华力、氢键或离子相互作用等弱力交联形成物理凝胶[113]。

化学凝胶主要依靠单体共聚或多官能基团间的缩聚反应而成，形成的凝胶结构非常牢固；通过范德华力形成的凝胶结构不牢固，在外力作用下易遭到破坏，但当外力去除一段时间后又能恢复,表现出触变性;氢键形成的凝胶结构较为牢固,在低温下只发生有限膨胀,加热时转化为无限膨胀;而通过离子作用将两条或以上的聚合物分子链交联起来,形成三维网状结构,结构更为稳定,加热后不会无限溶胀。

煤矿防灭火用凝胶应在一定的温度下能保持结构的稳定性,本书研究的体系就是通过离子相互作用制备的,即以适当的中心离子与聚合物中可交联基团进行交联,形成强度较高的整体凝胶。

2.2.2 CMC 溶液的制备

将一定量的 CMC 缓慢均匀地加入水中,并强力搅拌,当没有明显的大块团状物时,便可停止搅拌,并静置一段时间(10～20 h)直至 CMC 完全溶化后即可使用。

聚合物是凝胶的主要成分,直接决定着凝胶的主要性能,并不是所有聚合物溶液都能形成凝胶。李明远等[114]将凝胶交联体系分为交联聚合物溶液、弱凝胶和整体凝胶;谢朝阳[115]提出凝胶交联体系中当聚合物浓度大于临界浓度,聚合物具有一定的碰撞概率时,体系才能形成本体凝胶;林梅钦等[116]通过研究发现,HPAM/AlCit 体系只有当聚合物浓度达到一定值时,才能形成凝胶。

煤矿防灭火用凝胶应为整体凝胶(即本体凝胶),根据作者所在的课题组预试验结果,只有当 CMC 溶液浓度达到 1.5%才可形成整体凝胶;而当 CMC 溶液浓度大于 3.5%时结块严重,难以充分溶解;因此实验时分别选用 1.5%、2%、2.5%和 3%共 4 种浓度的 CMC 溶液进行试验。

2.2.3 AlCit 交联剂的合成

AlCit 交联剂由无机铝盐(氯化铝)与配位体(柠檬酸)通过共价键螯合制成。在制备时氯化铝与柠檬酸的摩尔比要合适,氯化铝量偏少时交联时间长、强度低;氯化铝量太大时,容易过饱和而出现白色沉淀,起不到交联作用。为降低成本,氯化铝选用纯度相对较低的工业用聚氯化铝,其中铝离子相对含量不太清楚,通过预试验确定聚氯化铝与柠檬酸的质量比为 2∶1 时,成胶效果较好。

(1) 配置一定量 20%的聚氯化铝溶液;

(2) 按 2∶1 的比例加入柠檬酸,并不停搅拌至其完全反应,形成 AlCit 溶液;

(3) 配置一定量 5%的氢氧化钠溶液;

(4) 在 AlCit 溶液中缓慢滴定 5%的氢氧化钠溶液(如图 2-3 所示),并监测其 pH,直至 pH 升至 6.5 左右即可停止滴定。

同样要形成稳定的凝胶,交联剂的浓度也必须达到一定范围。如果交联剂数量相对于 CMC 溶液中分子链的数量低很多,此时只能形成溶胶分散体系,而不是整体凝胶;交联剂数量太大时则会在局部形成过度交联,成胶稳定性差。AlCit 与 CMC 的比值在 5%～10%范围内可形成胶体,实验时分别取 5%、8%和 10%。

2.2.4 GDL 的添加

CMC/AlCit 凝胶是 CMC 溶液中含有的带负电荷基团与 AlCit 中 Al^{3+} 反应而成,而 Al^{3+} 的含量由 AlCit 释放铝离子的速度控制,该释放速度又由 pH 决定,因此,改变 GDL 的

图 2-3 NaOH 溶液滴定

添加量可控制铝离子的释放速度进而控制成胶时间，其添加量一般为 CMC 溶液的1.5%～2.5%，实验时取 1.5%、2%和 2.5%。

2.2.5 CMC/AlCit 凝胶的配制

CMC/AlCit 凝胶的配制过程就是 CMC、AlCit 和 GDL 相互混合的过程。由于 CMC 溶液浓度较高、黏度较大，AlCit 或 GDL 在其内的扩散或分散困难，因而混合时需强力搅拌，这样利于交联混合物的均匀混合，防止局部高浓度的聚合物与高浓度的交联剂接触而迅速发生交联反应导致凝胶的不均匀性。

不同配比下初始凝胶状态如图 2-4 所示。

(a)

(b)

(c)

图 2-4 不同配比下初始凝胶状态

(a) 2%CMC+8%AlCit+2%GDL；(b) 2.5%CMC+8%AlCit+2%GDL；(c) 3%CMC+8%AlCit+2%GDL

2.3 CMC/AlCit 凝胶性能的评价方法

评价凝胶的基本性能指标主要包括成胶时间、成胶强度、稳定性、耐温耐盐性等，其中成胶时间对胶体灭火工艺影响最大，是凝胶防灭火最重要的性能参数。由于成胶过程是一个渐变过程，在 CMC/AlCit 交联体系混合后需经过一段时间的反应才形成稳定的胶体，这段时间就是凝胶的成胶时间。有时需要根据灭火工艺选择凝胶配比控制成胶时间，有时则需要根据成胶时间选择灭火工艺。若成胶时间过短，则交联体系在输送过程中就可能发生胶凝而堵管；而成胶时间过长，则在流出管口后长时间自由流动，难以保证在指定区域成胶。因此，测定不同配比下凝胶体系成胶时间，并根据矿井防灭火要求，确定适宜的凝胶配比，是凝胶防灭火效果的重要保证。

矿井防灭火用凝胶的成胶时间根据使用条件不同而不同。当用于封闭堵漏和扑灭高温火源，成胶时间应控制在混合液体喷出注胶口 30 s 以内；用于阻化浮煤自燃，成胶时间应以混合液喷出注胶口 5～10 min 为宜[49]。

目前测量凝胶成胶时间的方法有黏度突变法[61]、Sydansk 凝胶代码法[117]和滴漏计时法等[105]，其中黏度突变法测量精度高，但操作复杂，不适用大量样品的评价；凝胶代码法方法操作简单、方便，但人为误差较大；滴漏计时法操作简单且计时准确，因此本次采用该方法确定成胶时间。即将配比好的交联体系混合并搅拌均匀后，从一个容器经漏斗流到另一个容器，同时记录所需时间，该时间即为漏斗滴漏时间；重复该过程，当漏斗滴漏时间比上次增加 50%以上时，整个实验时间即为成胶时间。

实验装置如图 2-5 所示。

图 2-5 漏斗滴漏计时法测定成胶时间

2.4 CMC/AlCit 凝胶配比实验

CMC/AlCit 凝胶由 CMC、AlCit 和 GDL 共 3 种组分构成，进行配比试验时，CMC 浓度选取 1.5%、2%、2.5%和 3%共 4 种；AlCit 添加量为 CMC 溶液的 5%、8%和 10%；GDL 的添加量为 CMC 溶液的 1.5%、2%和 2.5%。

2.4.1 实验过程

在固定 CMC 浓度为 1.5%、2.0%、2.5%和 3.0%条件下，分别添加不同剂量的 AlCit 和 GDL，考察其成胶时间及胶体稳定性，实验结果如表 2-2～表 2-5 所示。

表 2-2　　成胶时间表(CMC 为 1.5%)

AlCit	GDL		
	1.5%	2.0%	2.5%
5%	1 h 57 min	1 h 28 min	1 h 5 min
8%	豆腐脑状	豆腐脑状	豆腐脑状
10%	豆腐脑状	豆腐脑状	豆腐脑状

表 2-3　　成胶时间表(CMC 为 2.0%)

AlCit	GDL		
	1.5%	2.0%	2.5%
5%	48 min	42 min	38 min
8%	28 min	21 min	18 min
10%	豆腐脑状	豆腐脑状	豆腐脑状

表 2-4　　成胶时间表(CMC 为 2.5%)

AlCit	GDL		
	1.5%	2.0%	2.5%
5%	16 min	13 min	12 min
8%	10 min	9 min	8 min
10%	8 min	8 min	7 min

表 2-5　　成胶时间表(CMC 为 3%)

AlCit	GDL		
	1.5%	2.0%	2.5%
5%	4 min 12 s	3 min 38 s	3 min 33 s
8%	3 min	2 min 22 s	2 min 21 s
10%	2 min 21 s	1 min 52 s	1 min 45 s

(1) CMC 为 1.5%时成胶情况

当 CMC 浓度为 1.5%时,只能与 5%的 AlCit 形成稳定胶体,但成胶时间较长(1 h 以上),且在一周后均全部脱水,底部沉淀有柠檬酸铝,胶体表面发生霉变,说明由于 CMC 浓度较低,形成的胶体网络结构比较松弛而不够稳定。

CMC 浓度为 1.5%时,与 8%和 10%的 AlCit 均不能形成稳定的胶体,混合液呈豆腐脑状,脱水严重,最终完全脱水呈流动水状。只是由于当 CMC 浓度偏低时,提供的线性大分子较少,交联密度过大,加入的 AlCit 在局部位置形成团簇类凝胶物质,组成一个个团块胶体,凝胶容易发生体积收缩,部分水从凝胶中分离出来,这样就导致实验中出现类豆腐浆的胶沫,从而使整个胶体失去整体性和连续性。

(2) CMC 为 2%时成胶情况

当CMC浓度为2.0%、AlCit为5%时，在不同的GDL添加量下均可形成凝胶，其成胶时间约在50 min左右，该系列胶体也存在脱水，1周后脱水严重，容易出现分层状况(固液相)，表面形成一层干膜。

CMC浓度为2.0%、AlCit为8%时，在不同的GDL添加量下均可形成凝胶，成胶时间缩短至30 min以内，且能长期保持整体稳定性。

CMC浓度为2.0%，当AlCit添加量增大至10%时，在不同的GDL添加量下形成的胶体整体性都不好，脱水严重，这可能是由于加入的柠檬酸铝过量，导致局部Al^{3+}过饱和，胶体的稳定性变差。

(3) CMC为2.5%时成胶情况

当CMC浓度为2.5%，在不同AlCit和GDL添加量下，均能形成稳定的胶体，成胶时间缩短至10 min左右。其中当AlCit浓度为8%时，表观来看其致密性最好，形成的胶体整体性最好，在2周内未出现明显脱水，而10%AlCit形成的胶体在1周后出现明显脱水。

(4) CMC为3.0%时成胶情况

当CMC浓度为3.0%时，在不同Alit和GDL添加量下，均能形成稳定的胶体，并在5 min内成胶。该胶体表面与容器壁粘连较好，并在其表面形成一层隔绝空气的薄膜，由于该膜的存在，使其下部胶体免受风流影响，胶体保存较好，在放置1月后未出现明显脱水。

2.4.2 实验结果及分析

综合以上实验，分别考察各因素对成胶时间的影响，即固定三个参数中的两个，改变另一个参数，得出了各参数对成胶时间的影响。

(1) CMC浓度对成胶时间的影响

当AlCit和GDL浓度一定时，凝胶的成胶时间随CMC浓度的变化如图2-6所示。

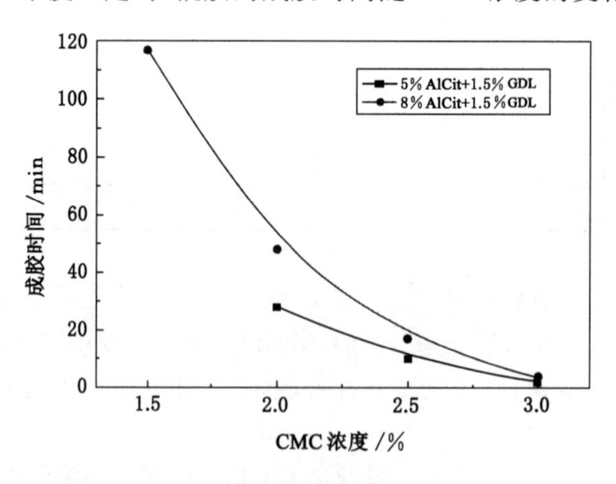

图2-6 CMC浓度对成胶时间的影响

随着CMC浓度的提高，成胶时间逐渐下降，当AlCit和GDL添加量分别为5%和1.5%时，CMC浓度从1.5%提高到2.0%，其成胶时间从117 min缩短至48 min。

依据反应动力学理论[118,119]，当CMC的浓度较低时，CMC的大分子线团在整个溶液中分布较少且不均匀，大分子线团间接触碰撞的机会较少，从而形成分子间网状结构交联反应的概率也大大减少，因此反应速度很慢，成胶时间较长；但当 CMC 浓度增加到某一临界值时，溶液中大分子线团分布广、间距小，活性基团数目多、引力逐渐加强，接触碰撞机会大大增加，交联反应速率增大，凝胶的成胶时间逐渐缩短。

(2) AlCit 浓度对成胶时间的影响

在固定 CMC 和 GDL 的浓度后，凝胶成胶时间随 AlCit 浓度变化如图 2-7 所示。

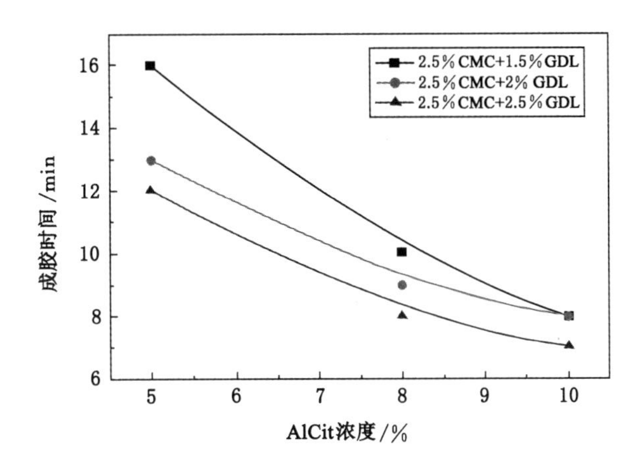

图 2-7 AlCit 浓度对成胶时间的影响

AlCit 交联剂相对分子质量相对 CMC 较小，在溶液中分布较为均匀，可与任意相邻的 CMC 分子链上的可交联基团发生反应。当 CMC 浓度为 2.5%、GDL 添加量为 1.5%时，AlCit 浓度从 5%提高到 8%，成胶时间从 16 min 缩短至 10 min，AlCit 添加量增加 60%，成胶时间缩短了 38%；随着 AlCit 添加量的增加其成胶时间缓慢下降。

当 AlCit 浓度相对较低时，提供的交联点很少，形成的凝胶时间较长，且未能形成有效的网状结构，成胶强度低，易流动；随着 AlCit 浓度的增加，交联点增多，与 CMC 长链交联概率加大，体系的成胶时间逐渐下降；但当 Al^{3+} 相对浓度过大时，如 CMC 浓度为 1.5%，AlCit 浓度超过 8%后，无法形成整体凝胶，这是由于产生过度交联，交联密度过大，生成胶体分块，降低了体系的稳定性，使凝胶脱水收缩明显。

因此，AlCit 浓度要适当，是形成稳定凝胶的又一重要条件。随着 Al^{3+} 浓度的升高，增加了可交联基团靠近的概率，利于交联反应的进行，但当 Al^{3+} 浓度过高时，CMC 线团的舒展程度逐渐收缩，导致 CMC 溶液会发生絮凝、分层现象，交联条件遭到破坏，难以形成整体凝胶。

(3) GDL 浓度对成胶时间的影响

在固定 CMC 和 AlCit 的浓度后，交联体系的 pH 和成胶时间随 GDL 浓度变化如图 2-8 和图 2-9 所示。

在添加 GDL 后，交联体系的 pH 呈逐渐下降趋势，当 CMC 浓度为 2.5%、AlCit 添加量为 5.0%时，GDL 浓度从 1.5%提高到 2%，成胶时间从 16 min 缩短至 13 min，GDL 添加量增加了 33%，成胶时间缩短了 19%；并随着 GDL 添加量的增加其 pH 下降、成胶时间缩短，说明 GDL 的加入可降低体系的 pH，加速柠檬酸铝中的铝离子离解，从而促进凝胶网络结

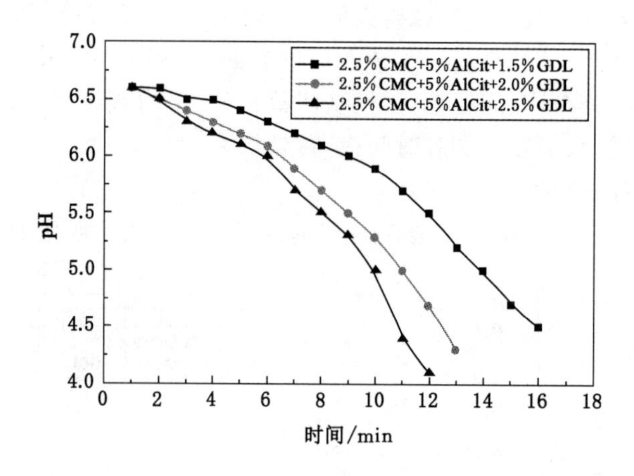

图 2-8　GDL 浓度对 pH 的影响

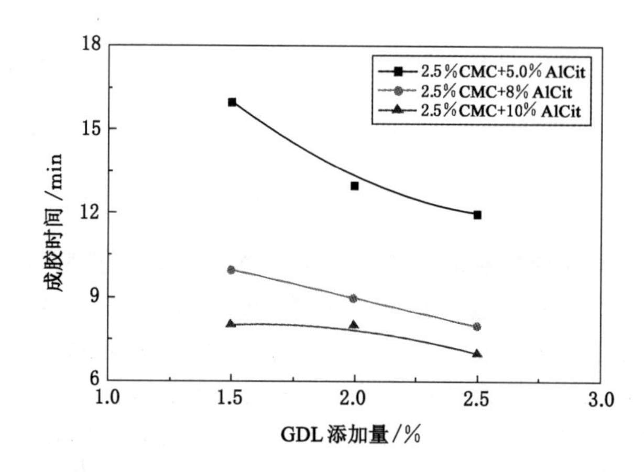

图 2-9　成胶时间随 GDL 浓度变化曲线

构的形成。为了防止交联体系在输送过程中过早形成凝胶，GDL 应在 CMC/AlCit 交联体系充分混合后，在接近防灭火区域时加入。

综合上述图表可见：

（1）随着交联体系中 CMC、AlCit 和 GDL 浓度的增大，交联反应的速度增大、成胶时间缩短，主要是由于体系中反应基团碰撞接触的机会增多，形成交联键的反应活性基团数目增加。

（2）在试验范围内，根据凝胶组分的变化对成胶时间影响可知，其主次关系依次为：CMC＞AlCit＞GDL。

（3）结合矿井防灭火用凝胶成胶时间的要求，以及经济性等方面考虑，用于封闭堵漏和扑灭高温火源的凝胶配比为：3%CMC＋8%AlCit＋2%GDL，成胶时间为 2～3 min；用于阻化浮煤自燃的凝胶配比为：2.5%CMC＋8%AlCit＋1.5%GDL，成胶时间约 10 min。

2.5 CMC/AlCit 凝胶影响因素分析

在实际使用过程中，由于矿井水中含有大量离子，其盐度较高，酸碱度差异较大，同时受到火源高温的影响，对凝胶成胶时间影响比较大，因此有必要对 CMC/AlCit 凝胶使用时水中盐离子、pH、温度等参数进行考察，以期对其现场应用提供理论指导。

2.5.1 盐离子

CMC/AlCit 交联体系通过高价铝离子与 CMC 分子链上的羧甲基基团进行络合，而由于矿井防灭火用水源一般取自经处理后的矿井水，其中含有多种金属无机盐，这些金属盐离子可能对 CMC/AlCit 交联体系产生影响，因此为适应煤矿实际现场使用，考察了盐离子对 CMC/AlCit 凝胶成胶时间的影响。

(1) 一价离子(Na^+)对交联体系的影响

取 200 mL 的 2.5%CMC 溶液共 6 份，其中 5 份分别加入 200 mg、500 mg、1 000 mg、1 500 mg 和 2 000 mg 的 NaCl，并添加 8%的 AlCit 和 1.5%的 GDL 后，考察 Na^+ 对 CMC/AlCit 交联体系成胶时间的影响，如图 2-10 所示。

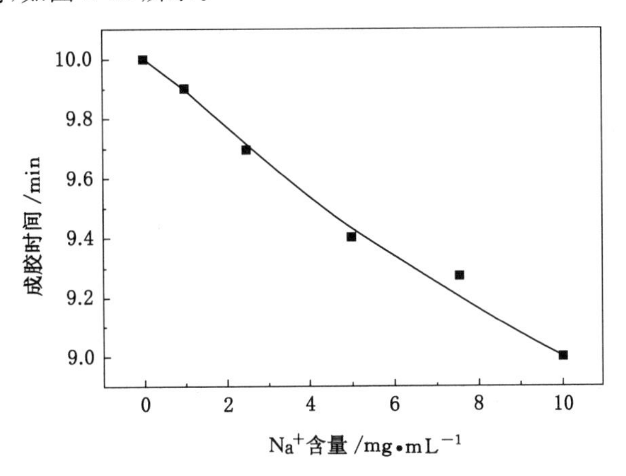

图 2-10 Na^+ 含量对成胶时间的影响

随着 Na^+ 的增加，成胶时间略有下降，但下降幅度不超过 10%，因此，Na^+ 对聚合物交联体系性能影响不大。

(2) 二价离子(Ca^{2+})对交联体系的影响

同样取 200 mL 的 2.5%CMC 溶液共 6 份，其中 5 份分别加入 200 mg、500 mg、1 000 mg、1 500 mg 和 2 000 mg 的 $CaCl_2$，并添加 8%的 AlCit 和 1.5%的 GDL 后，考察 Ca^{2+} 对 CMC/AlCit 交联体系成胶时间的影响，如图 2-11 所示。

随着 Ca^{2+} 含量的增加，交联时间变短，主要是由于加入的 Ca^{2+} 可进入 Sterm 层中和高分子链表面的部分电荷并改变聚合物分子构型[120]，同时二价离子可与聚合物高分子链上的羧甲基基团发生交联反应，使 CMC 与 AlCit 的交联反应更容易进行，但形成胶体的稳定

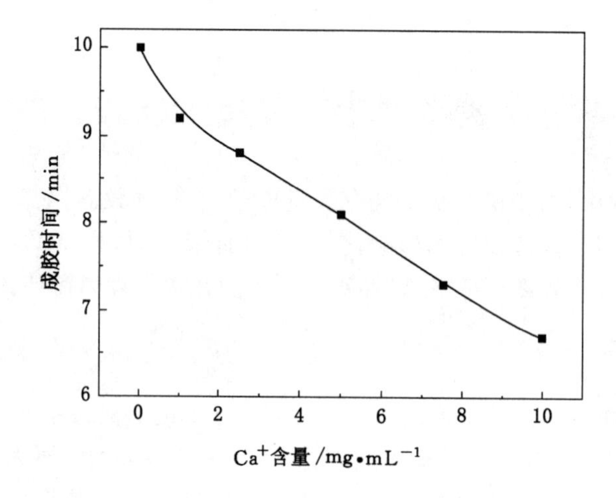

图 2-11　Ca^{2+} 含量对成胶时间的影响

性变差，因此，矿化水的存在（特别是含高浓度二价离子）对 CMC/AlCit 交联体系的成胶和实际应用有影响，应加入软化剂除去高价离子以防止交联体系过快成胶和沉淀。

2.5.2　初始 pH

pH 的变化直接影响到 AlCit 中 Al^{3+} 的解离速度，通过 HCl 和 NaOH 溶液对体系初始 pH 的调节，选取 2.5％ CMC＋8％AlCit＋1.5％GDL 的交联体系，考察常温下初始 pH（4～10）对成胶时间的影响，试验结果如图 2-12 所示。

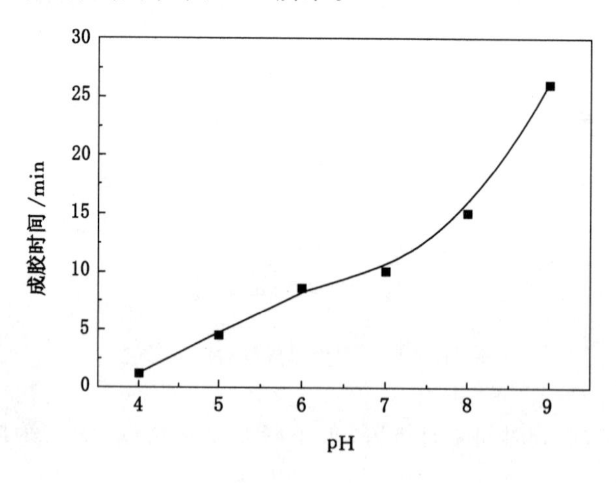

图 2-12　初始 pH 对成胶时间的影响

当 pH＜7 时，随着 pH 的降低，成胶时间缩短，这是由于在酸性条件下，Al^{3+} 从 AlCit 中易于解离，且以自由离子形式存在，起到架桥作用；但当 pH＜5 以后，由于 Al^{3+} 解离过快，成胶很快，Al^{3+} 在 CMC 溶液中来不及扩散形成局部高浓度区，但其他区域的 Al^{3+} 浓度则相对过低，成胶很慢，而局部的过度交联又加速了凝胶的降解，导致整个交联体系脱水严重、稳定时间较短。

当 pH＞7 时，随着 pH 的增大，成胶时间迅速增大，这是由于在碱性条件下，解离的

Al^{3+}首先与 OH^- 发生反应产生 $Al(OH)_4^-$，只有少量的 Al^{3+} 参与交联作用；当 pH>9 以后，Al^{3+} 变成 AlO_2^- 存在，不能与聚合物基团反应，无法形成凝胶。

因此，交联体系初始的 pH 应调节在 6～7 之间，并通过适量添加 GDL 来控制整个体系的成胶时间，并保证成胶的强度和稳定性。

2.5.3 温度

防灭火用 CMC/AlCit 凝胶使用地点的温度差异很大，其凝胶化过程也不同。实验时各将 200 mL 2.5%CMC+8%AlCit+1.5%GDL 交联体系均匀混合后分别置入 30 ℃、40 ℃、50 ℃、60 ℃和 70 ℃恒温箱中 30 s 后取出，测定其成胶时间，试验结果如图 2-13 所示。

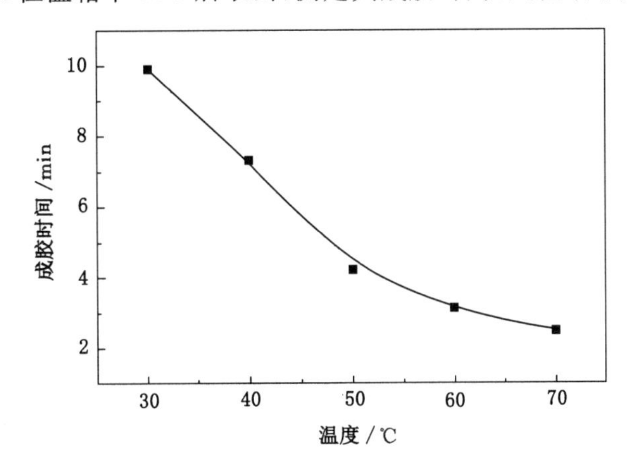

图 2-13　温度对成胶时间的影响

从图 2-13 可见，温度对凝胶成胶时间影响显著，温度越高，交联反应越快，成胶时间越短，并基本符合阿伦尼乌斯定律。这主要是由于随着温度的升高，加大了分子的运动速率，增加了活化分子数目，使得交联点位数量随之增加，加快了凝胶化反应进程；但同时降低了分子间作用力，并加快了聚合物的热降解，从而降低了整个体系的强度和稳定性。在 70 ℃下的胶体不到 7 d 就出现破胶分层现象，而 30 ℃下的胶体 1 月之后也没有出现破胶现象。

由于在高温下凝胶的成胶时间很短，通过适当降低 CMC 和 AlCit 的浓度可缩短凝胶时间，但调节范围有限，同时对形成的凝胶强度影响较大，而通过调节体系的 pH 来控制 Al^{3+} 的释放速度，进而控制凝胶速率和成胶时间，以满足在高温条件下凝胶体系的使用。

2.6 本章小结

(1) 通过对不同浓度下 CMC、AlCit 和 GDL 开展配比试验，采用漏斗滴漏计时法测定成胶时间，并考察其成胶效果，结果表明：随着交联体系中 CMC 浓度的增大，线性大分子间碰撞概率加大，交联反应速率增大；AlCit 在成胶过程中提供塔桥作用，随着其浓度的增大，交联点增多，成胶时间缩短，但浓度过大则会使凝胶脱水收缩明显，降低体系的稳定性；GDL 的加入降低了体系的 pH，加速 AlCit 中 Al^{3+} 的离解。凝胶的成胶时间均随着 CMC、

AlCit 和 GDL 含量的增大而缩短，其中 CMC 影响最大，AlCit 次之，GDL 最小。

(2) 根据矿井防灭火的成胶时间要求及应用的经济性，确定用于封闭堵漏和扑灭高温火源凝胶的配比为：3%CMC+8%AlCit+2%GDL，成胶时间为 2～3 min；用于阻化浮煤自燃的凝胶配比为：2.5%CMC+8%AlCit+1.5%GDL，成胶时间约 10 min。

(3) CMC/AlCit 交联体系受到水中高价盐离子、初始 pH 和温度影响较大，在实际应用时应先充分考虑并采取相应的措施以保证成胶效果。当矿井水含高浓度二价离子时应加入软化剂除离子，防止过快成胶；体系初始的 pH 应通过 HCl 或 NaOH 溶液调节在 6～7 之间；注入区域温度较高时，应调节体系的 pH，降低其成胶速度。

CHAPTER 3

CMC/AlCit 凝胶的流变特性

CMC/AlCit 交联体系在混合一定时间后才能成胶，其在注胶泵、输胶管路、防灭火区域流动过程中呈流体状，其流动特性对现场的应用工艺、设备选型及防灭火性能等都有重要影响，是影响防灭火施工效果的关键之一。

由于 CMC/AlCit 凝胶在使用时受到凝胶配比、流动剪切作用和使用环境的复杂性等影响，交联反应具有复杂性，通过测定交联过程中体系黏度和黏弹性的变化，研究其流变特性[121,122]，并考察各种因素的影响，为其实际应用提供依据。

3.1 流体的基本特性

根据流体流动过程中剪切应力与剪切速率的关系（如图 3-1 所示），将流体分为牛顿流体和非牛顿流体，其中非牛顿流体又分为塑性、假塑性和屈服假塑性流体[123]。

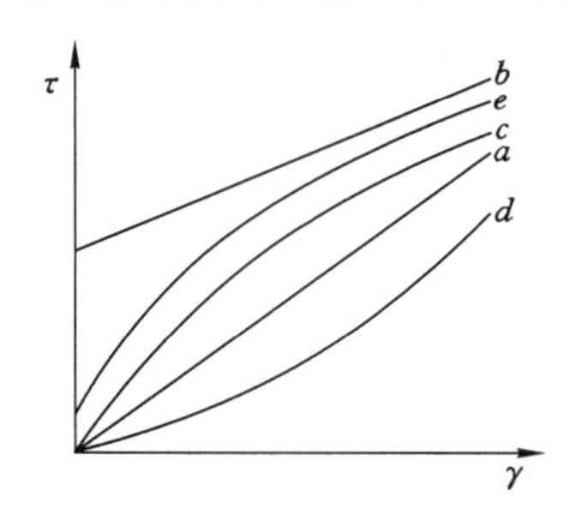

图 3-1 流体的剪切应力与剪切速率的关系

3.1.1 牛顿流体

牛顿流体是指流体的剪切应力与剪切速率呈线性关系，且通过原点，如图 3-1 中的线 a 所示。这是由于该流体的黏度在一定的温度下不受剪切速率的影响，即符合牛顿定律：

$$\tau = \eta \cdot \dot{\gamma} \tag{3-1}$$

式中 τ——剪切应力，Pa；

η——表观黏度，Pa·s；

$\dot{\gamma}$——剪切速率，s^{-1}。

3.1.2 非牛顿流体

当流体的剪切应力与剪切速率关系曲线不是通过原点的直线时，统称为非牛顿流体，并根据其流动形态，又可分为以下几种形式：

(1) 宾汉流体

该类流体只有达到一定应力值后才能发生流动，在流动后与牛顿流体相似，如图 3-1 中线 b 所示，对应的流变方程为：

$$\tau = \tau_0 + \eta \cdot \dot{\gamma} \tag{3-2}$$

式中 τ_0——屈服应力，Pa。

(2) 假塑性流体

该类流体表观黏度随着剪切速率的变化而变化，如图 3-1 中线 c 和线 d 所示，对应的流变方程为：

$$\tau = K \cdot \dot{\gamma}^n \tag{3-3}$$

式中 K——稠度系数，$N \cdot s^n/m^2$；

n——流体指数。

当 $n<1$ 时，流体的表观黏度随着剪切速率的增加而降低，表现出剪切稀化特性；当 $n>1$ 时，流体的表观黏度随着剪切速率的增加而增大，表现出剪切变稠特性。

(3) 屈服假塑性流体

该类流体只有达到一定应力值后才能发生流动，在流动后如图 3-1 中线 e 所示，一般用 Herschel-Bulkley(简称 HB)方程描述：

$$\tau = \tau_0 + K \cdot \dot{\gamma}^n \tag{3-4}$$

(4) 测试设备

本次凝胶的流变特性选用安东帕 MCR302 流变仪进行测试，如图 3-2 所示。

该仪器可进行任何类型或组合类型的流变测试，既可用作旋转流变仪，也可用作振荡流变仪，并能与种类繁多的温控设备和特殊附件集成使用，可以测试黏度、剪切应力、流动曲线、黏度曲线、黏温曲线、屈服应力、触变性、黏弹性(储能模量、损耗模量等)等各种重要的流变学参数，并确保在流变测试期间随时进行绝对的控制。

主要技术参数如表 3-1 所示。

图 3-2 MCR302 流变仪

表 3-1　　MCR302 流变仪技术参数

项目	技术参数	项目	技术参数
马达轴承	扩散式空气轴承	马达	无刷直流同步马达
旋转模式最小扭矩	1 nN·m	应变角度	50 nrad～∞
振荡模式最小扭矩	0.5 nN·m	频率	10^{-7}～628 rad/s
最大扭矩	200 nN·m	转速	10^{-9}～3 000 r/min
控温系统	－40～200 ℃	法向应力	±0.005～±50 N

3.2 CMC 溶液稳态剪切

CMC 水溶液的黏度直接决定其凝胶体系的使用效能，采用旋转测试法考察不同剪切速率下 CMC 溶液的黏度变化。

测试系统为 C-PTD 200＋CC27（同心圆筒转子，直径 27 mm，间隙 1 mm），温度为 25 ℃，剪切速率从 0.1～500 s^{-1}对数变化，每个数量级取 15 个点。

3.2.1 流动曲线

图 3-3 为浓度分别为 1.5％、2.0％、2.5％和 3.0％ CMC 溶液表观黏度随剪切速率的变化关系。

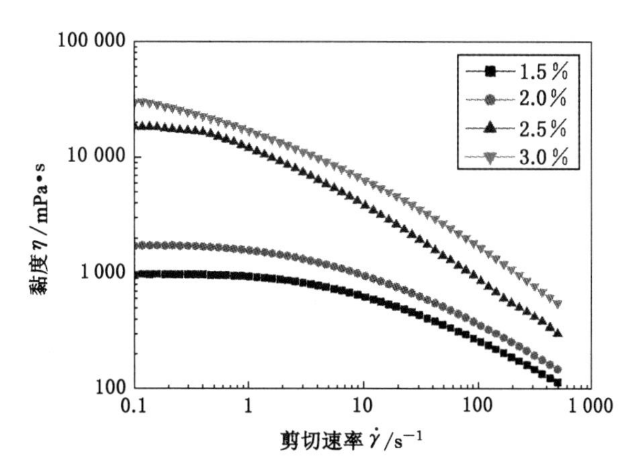

图 3-3　CMC 溶液黏度随剪切速率变化的曲线

从图 3-3 可见，在低剪切速率下，CMC 溶液表观黏度变化较小，类似于牛顿流体，这主要是因为在此剪切速率下的剪切力不足以破坏 CMC 分子链的结构或者是被剪切破坏的分子链结构能够及时修复，此时的黏度称之为“零剪切黏度”(zero-shear viscosity)。当样品在 0.1 s^{-1}剪切速率下得到的黏度（图 3-4）近似认为是其零剪切黏度，可表示 CMC 溶液的流动性能。

对各数值点取平均值，得到各样品零剪切黏度的平均值，如表 3-2 所示。随着 CMC 含量的升高，其水溶液的黏度逐渐增大，且在 2.0％和 2.5％之间出现了黏度值的突变。这一转

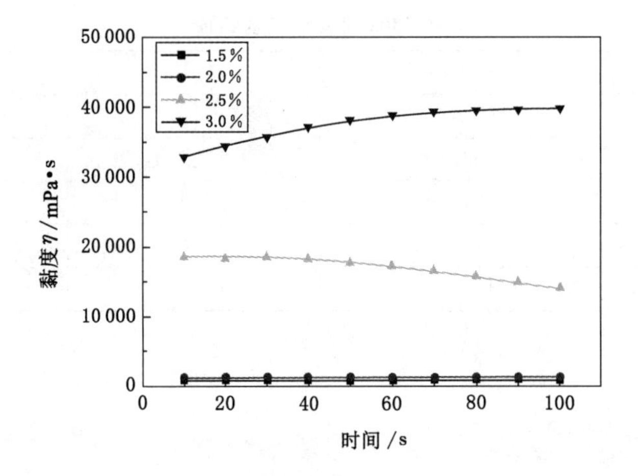

图 3-4　CMC 溶液在 0.1 s^{-1} 下黏度随时间变化的曲线（$T=25$ ℃）

折点是由于随着 CMC 浓度的增加，单位体积溶液中分子链数目的增多，分子线团间距离逐渐缩小，线团的缠结即收缩效应作用显著[124]，产生相互接触、交叠和穿插，形成的物理缠结点迅速增多，发生分子内交联反应概率大幅提高，溶液的黏度显著增大。在该次研究中，CMC 临界交叠浓度为 2.0%。

表 3-2　　CMC 溶液零剪切黏度

样品	1.5%CMC	2.0%CMC	2.5%CMC	3.0%CMC
黏度/mPa・s	848.92	1 305.8	16 985	39 245

而当剪切速率增大到一定数值后，其黏度随剪切速率的增大而降低，即呈现剪切变稀的特点[125]，在该区域符合幂律关系：

$$\eta = K\dot{\gamma}^{n-1} \tag{3-5}$$

经计算，不同 CMC 溶液的稠度系数及流体指数如表 3-3 所示。

表 3-3　　不同 CMC 溶液稠度系数及流体指数

CMC 浓度	$K/(\mathrm{N \cdot s^{n} \cdot m^{-2}})$	n
1.5%	0.91	0.77
2.0%	1.54	0.72
2.5%	10.77	0.52
3.0%	16.28	0.51

随着 CMC 溶液浓度的增大，稠度系数逐渐增大，说明黏性变大；同时流体指数均小于 1 且呈逐渐减少趋势，说明溶液浓度越高其假塑性质越明显。

CMC 溶液在一定剪切速率范围内出现剪切变稀的特性是高分子链取向和缠结共同作用的结果。当 CMC 溶液受到一定剪切速率后，分子链沿着剪切力作用方向取向，使聚合物溶液黏度开始下降；同时分子链因相互缠结形成的物理交联点在剪切力作用下不断解体和形成，当剪切速率增高到一定值后，物理交联点的解体速度大于其形成速度，溶液出现剪切变稀行为，是典型的假塑性流体。

3.2.2　黏浓关系

在图 3-3 中分别取各浓度 C 在 0.1 s^{-1}、1 s^{-1}、10 s^{-1}、100 s^{-1}和 500 s^{-1}剪切速率下的黏度 η，然后以 lg η 和 lg C 作图，结果如图 3-5 所示。

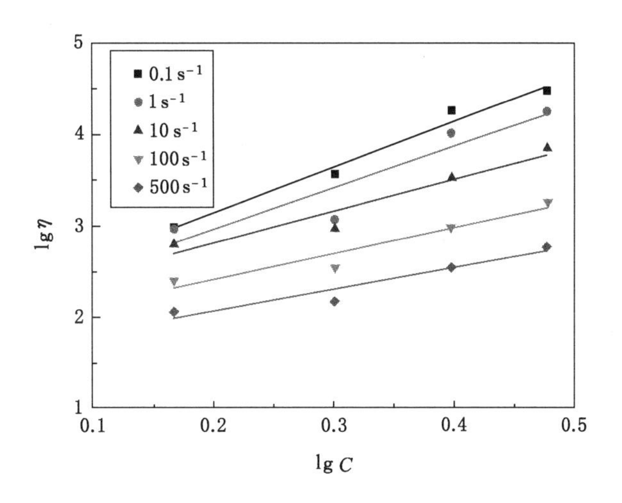

图 3-5　CMC 溶液黏浓关系曲线

不同剪切速率下 lg η 和 lg C 都呈线性关系，可用下式表示：

$$\lg \eta = \alpha \lg C + A \tag{3-6}$$

式中　α——黏度指数。

即：

$$\eta = 10^A C^\alpha \tag{3-7}$$

令：

$$K = 10^A$$

则：

$$\eta = KC^\alpha \tag{3-8}$$

当剪切速率一定时，聚合物黏度与浓度的 α 次方呈正比。经计算，不同剪切速率下的稠度系数如表 3-4 所示。

表 3-4　　不同剪切速率下稠度系数

剪切速率/s^{-1}	$K/(N \cdot s^n \cdot m^{-2})$	α
0.1	134.87	5.05
1	112.82	4.54
10	103.16	3.52
100	69.94	2.85
500	38.93	2.36

当溶液浓度一定时，由于黏度随着剪切力的增大而减少，黏浓关系曲线的斜率随着剪切速率的增加而减少，即黏度指数 α 随着剪切速率的增加而下降。

3.2.3 粉煤灰影响分析

粉煤灰是燃煤工业的固体废弃物，主要由 SiO_2、CaO、MgO 等细微颗粒组成。2010 年其排放量达到 2 亿 t，占用场地、污染环境、增加企业成本，但是由于粉煤灰具有可燃物少、氧化性能低、密度小、黏结性差、流动性好、脱水快等特点，用粉煤灰替代黄土进行矿井灌浆防灭火及固化充填取得良好的防灭火效果[126,127]，实现了粉煤灰就地资源化利用并有效解决了黄泥灌浆造成的耕地、植被破坏等环境问题。

通过在 2.0%CMC 溶液中分别添加 10%、20%、30%和 40%的粉煤灰（取自太原二电厂，化学成分如表 3-5 所示），得到其零剪切黏度如表 3-6 所示。

表 3-5　　粉煤灰化学成分

MgO	Al_2O_3	SiO_2	Fe_2O_3	CaO	烧失量
1.33	29.54	51.21	5.15	5.97	4.80

表 3-6　　零剪切黏度

样品	黏度/mPa·s
2.5%CMC	1 305.8
2.0%CMC+10%粉煤灰	1 426.5
2.0%CMC+20%粉煤灰	1 592.4
2.0%CMC+30%粉煤灰	1 826.9
2.0%CMC+40%粉煤灰	2 452.8

由表 3-6 可见，粉煤灰的加入可增加 CMC 溶液的黏度，添加量小于 30%时增加幅度较小，但超过 40%后黏度出现急剧上升，上升幅度达 34%。黏度的上升表明粉煤灰的加入增大了体系的流动阻力并缩短体系的成胶时间，同时也增大了体系的强度，但形成的胶体流动性和稳定性变差，因此添加粉煤灰可减少 CMC 的用量，降低成本，但添加量不宜超过 30%。

3.3 CMC/AlCit 交联体系时间扫描

通过对不同添加量下 CMC、AlCit 和 GDL 交联体系的旋转测试，进行时间扫描，测试剪切速率为 0.2 s^{-1}、温度为 25 ℃下交联体系黏度随时间的变化，实验结果如图 3-6～图 3-8 所示。

从图 3-6～图 3-8 可见：

(1) 随着 CMC/AlCit 交联体系反应的进行，体系黏度变化趋势基本相同，即先缓慢上升后急剧增加到基本保持不变，因此可将整个成胶过程分为三个阶段：诱导期、反应加速期和反应终止期，与一般有机交联体系成胶过程相似[128]。各时期主要特征如下：

① 诱导期：在体系混合起始的 100～200 s 内，黏度缓慢上升，表明此时体系已经开始了

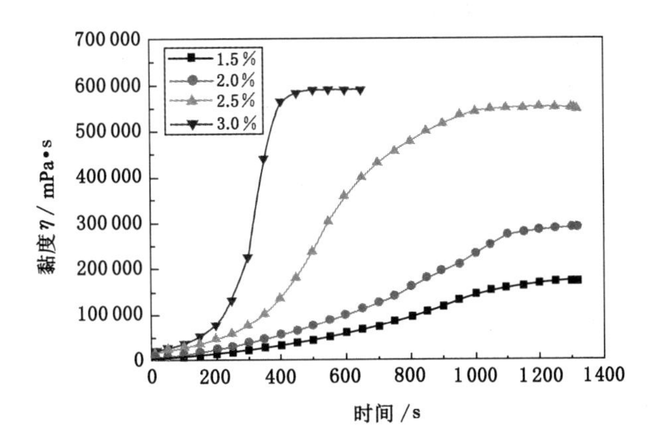

图 3-6 不同 CMC 浓度下交联体系黏度随成胶时间的变化(8%AlCit、1.5%GDL)

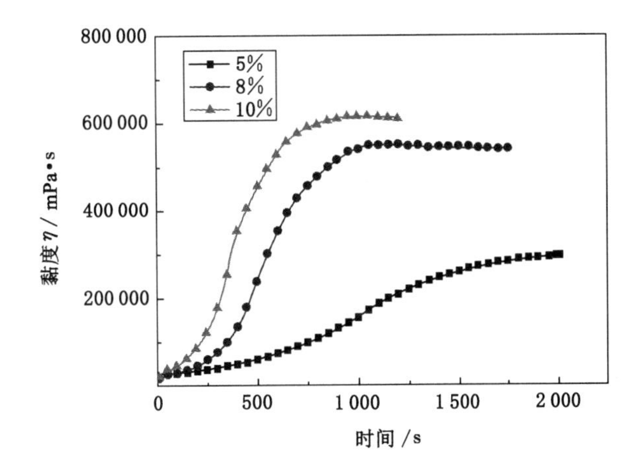

图 3-7 不同 AlCit 浓度下体系黏度随成胶时间的变化(2.5%CMC、1.5%GDL)

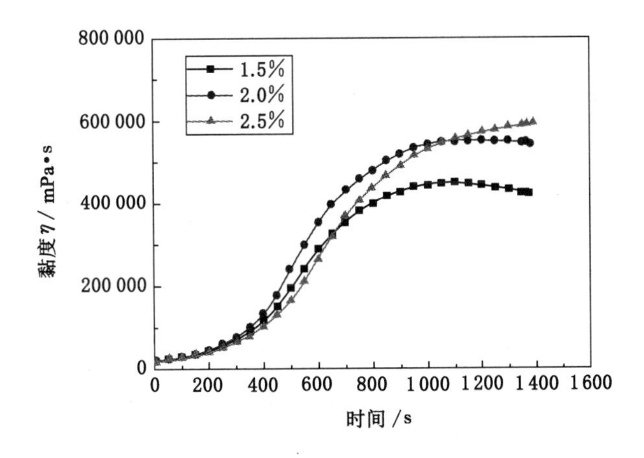

图 3-8 不同 GDL 浓度下体系黏度随成胶时间的变化(2.5%CMC、8%AlCit)

交联反应，体系的分子结构发生了改变，但这种变化相对轻微，说明在诱导期主要是在CMC大分子线团不同支链间交联，反应形成“局域性”网状分子结构，此时大分子线团在体系中分布不均，形成的交联点间距较大，仍具有一定的运动自由度，体系没有一定的形状，在外力作用下可以发生整体流动。

② 反应加速期：与诱导期相比，该阶段体系的黏度急剧上升（200～1 200 s），交联反应速率很快，说明体系在前期大量分子内交联和 Al^{3+} 释放加速的基础上，分子间交联反应开始发生，并随着交联键数目越来越多，并形成“区域性”网状分子结构，体系的黏度迅速上升，此时体系成均匀的一体结构，具有一定的形状，流动性较差。

③ 反应终止期：随着交联反应的结束，体系的黏度增加不大，在达到一个极大值后基本保持不变，但凝胶网络得到不断增强，强度越来越大。

(2) 在固定AlCit和GDL添加量时，体系的黏度随着CMC浓度的增大而增大，并在2.0%和2.5%之间存在急剧增加，说明在2.0%～2.5%的范围内存在一个临界浓度，当CMC浓度低于2.0%时，溶液中大分子链之间比较独立，相互作用小；而当CMC浓度达到临界浓度或以上时，溶液中大分子链间存在相互交叠或缠绕，分子间相互作用明显，并形成分子内交联；当CMC浓度超过3%以后，由于CMC分子链间距离足够近，分子内反应迅速完成，几乎不需要经过诱导期就直接形成分子间反应成胶。

(3) 在固定CMC和GDL添加量时，体系的黏度随着AlCit浓度的增大而增大，同样在5%和8%之间存在临界浓度，说明作为交联剂的AlCit提供交联点数量应与CMC大分子链数量相当，从而保证网络结构的均匀性。

(4) 在固定CMC和AlCit添加量时，在实验范围内体系的黏度随着GDL浓度的增大变化不大，说明GDL作为pH改性剂通过改变体系的pH控制 Al^{3+} 的释放速率和成胶时间，但不参与体系最终形成的网络结构。

(5) 根据交联体系黏度的变化可知，在试验范围内，CMC影响最大，AlCit次之，GDL影响较小，这与前面的瓶试结果一致。

3.4 CMC/AlCit交联体系温度扫描

CMC/AlCit交联体系在流向防灭火区域过程中，随着距离火区越来越近，温度越来越高，因此对2.5%CMC+8%AlCit+1.5%GDL交联后形成的凝胶进行温度扫描测试。

测试时采用旋转测试，转速为0.2 s^{-1}，并分为两个阶段：第一阶段，温度为25～120 ℃，升温速率为4 ℃/min；第二阶段，恒温120 ℃。为降低高温下水分挥发对结果的影响，样品采用油封。测试结果如图3-9所示。

从图3-9可见，在第一阶段，交联体系的黏度随着温度的升高而降低，这样体系容易向防灭火的高温区域流动，而从高温点往外流则相对较为困难，这与Zhang等[129]研制的温敏性凝胶性能类似；当温度达到100 ℃左右，体系中的水分逐渐蒸发，黏度出现增大，胶体脱水较为严重，在温度基本恒定后（120 ℃）体系的黏度又开始上升，但由于此时的样品不能充分填充测试系统的间隙，该测定的黏度值并不准确。

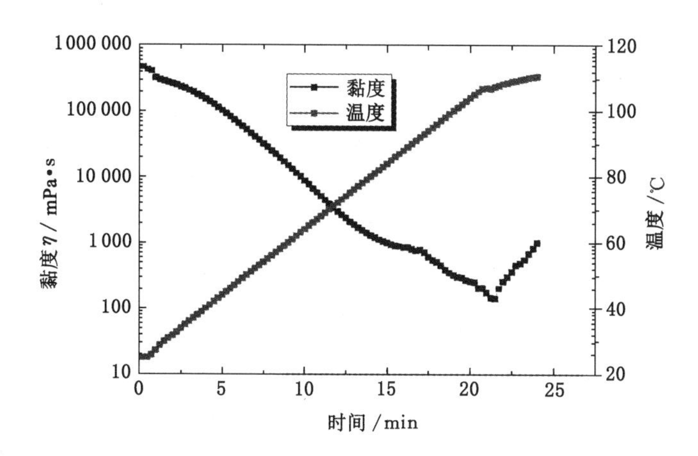

图 3-9 凝胶体系黏度和温度随时间的变化

3.5 CMC/AlCit 凝胶黏弹性测试

由于高分子链可以拉伸,因此形成的聚合物凝胶具有黏性和弹性双重特性[130,131],即在应力解除后能恢复到自然状态,表现出弹性体特征,但这个恢复过程比较缓慢,滞后于应力应变,又具有黏性体特征。

利用 C-PTD 200+CC27 测试系统,对 2.5%CMC+8%AlCit+1.5%GDL 凝胶进行振荡测试,考察 CMC/AlCit 凝胶的黏弹性。整个过程分为三个阶段:① 25 ℃下恒温测试 5 min;② 25~80 ℃升温测试,应变值取 0.1%,角频率取 10 rad/s,升温速率为 5 ℃/min;③ 80 ℃下恒温测试 22.5 min。CMC/AlCit 凝胶在升温过程中和恒温(80 ℃)下样品的储能模量(G')和损耗模量(G'')随着时间的变化曲线分别如图 3-10 和图 3-11 所示。其中的储能模量(G')表示体系在应力作用下储存能量的能力,代表材料的弹性;损耗模量(G'')表示体系在应力作用下消耗能量的能力,代表体系的黏性。

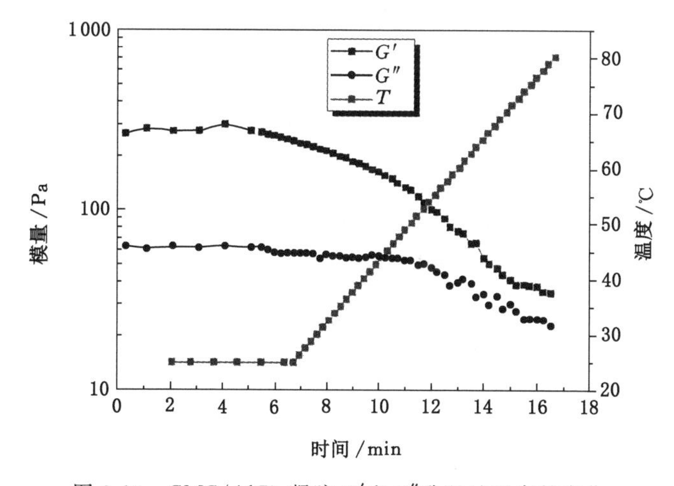

图 3-10 CMC/AlCit 凝胶 G'和 G''升温过程中的变化

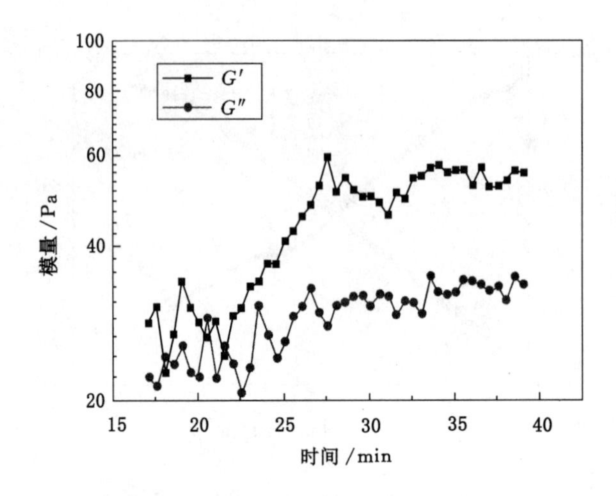

图 3-11　CMC/AlCit 凝胶 G'和G''在恒温(80 ℃)下的变化

从图 3-10 和图 3-11 可见：

(1) 在常温(25 ℃)下，凝胶体系 G'和G''基本不变；当温度从 25 ℃上升至 80 ℃过程中，G'和G''均呈逐渐下降趋势且差值越来越小；当温度恒定在 80 ℃以后，G'和G''先逐渐上升后基本不变。

(2) 随着温度的上升，G'和G''均呈逐渐下降趋势，表明凝胶的结构遭到一定的破坏；G'和G''差值越来越小，说明凝胶的弹性比黏性更受到温度的影响；但在整个过程中，G'一直大于G''，这与 Maleki 等[132]研究结果相似，说明形成的凝胶弹性组分处于支配地位，主要表现为弹性性质，这主要是由于凝胶形成了立体网络结构，聚合物链段间阻力较大，相对自由度较小，从而可以维持其类固体形态而不发生流动，同时形成的“拉”“拽”作用利于胶体在孔隙中的流动[133]。

3.6 CMC/AlCit 交联体系的流变方程

CMC/AlCit 交联体系通过泵和输送管路注入松散煤体内部的过程中，体系承受的剪切速率不同，在泵送时管内剪切速率约为 13.6 s^{-1}，在小裂隙中流动时剪切速率约为 1.2 s^{-1}，形成胶体前几乎不流动时剪切速率约为 0.2 s^{-1}。因此测定了不同剪切速率下(10 s^{-1}、1 s^{-1}和 0.2 s^{-1})CMC/AlCit 交联体系(2.5％CMC＋8％AlCit＋1.5％GDL)的黏度；同时测定交联体系在剪切速率为 10 s^{-1}反应 300 s 后变为 1 s^{-1}并反应 300 s 后再变为 0.2 s^{-1}下体系的黏度变化，得到的曲线如图 3-12 所示。

样品在剪切速率为 0.2 s^{-1}下反应 50 s 后瞬间提高至 10 s^{-1}，45 s 后再恢复至 0.2 s^{-1}，体系黏度的变化曲线如图 3-13 所示。

从图 3-12 和图 3-13 可见：

(1) CMC/AlCit 交联体系随着剪切速率的增大其黏度急剧减少，这是因为剪切速率的增加在不同程度上破坏了样品的结构，呈剪切稀化特性，即交联体系在凝胶泵高剪切作用下

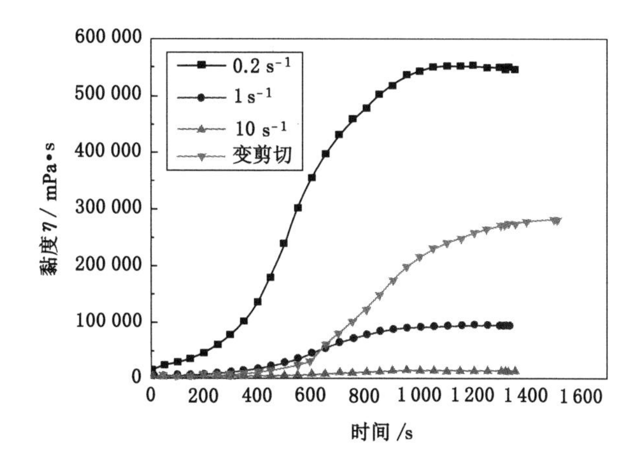

图 3-12　不同剪切速率 CMC/AlCit 交联体系黏度的变化

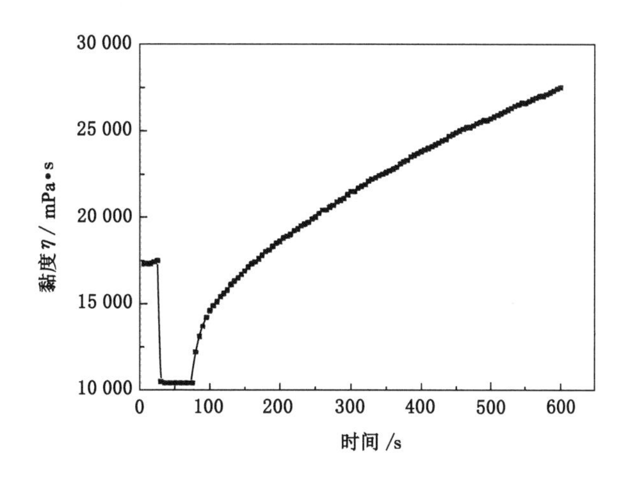

图 3-13　剪切速率突变时 CMC/AlCit 交联体系黏度的变化

黏度急剧下降，流动阻力大大减少，利于其在泵和管道中的输送；而在流出管口后剪切速率突然变小，体系黏度增大，并在一定时间内形成类固体的胶体，可控制凝胶的扩散范围，从而减少交联聚合物的流失，并实现在指定地点的成胶。

（2）CMC/AlCit 交联体系在剪切速率从 10 s^{-1}逐渐减少到 1 s^{-1}和 0.2 s^{-1}过程，其黏度逐渐增大，但均比相应稳态下剪切速率要低，说明前面的高剪切速率对后续的体系存在持续影响，即当交联体系从管路流至防灭火区域后，在煤体裂隙中流动时黏度相对有所降低，流动范围比理论上要大，可通过提高反应体系的浓度进行弥补。

（3）当剪切速率从 0.2 s^{-1}突然增大至 10 s^{-1}时交联体系黏度迅速从 18 800 mPa・s 下降至 10 600 mPa・s；在剪切速率恢复至 0.2 s^{-1}后，体系黏度急剧反弹，并在约 80 s 后恢复到初始黏度值，说明高剪切作用破坏了部分凝胶内部的空间网络结构，而当剪切力消除后，体系很快恢复到初始状态，表明 CMC/AlCit 体系具有良好的自我修复能力。

由于 CMC/AlCit 交联体系黏度受到反应过程和剪切速率的双重影响，为了研究剪切速率对体系黏度和剪切力的作用，分别取同一反应时间不同剪切速率下体系的黏度和剪切力，其变化曲线如图 3-14～图 3-16 所示。

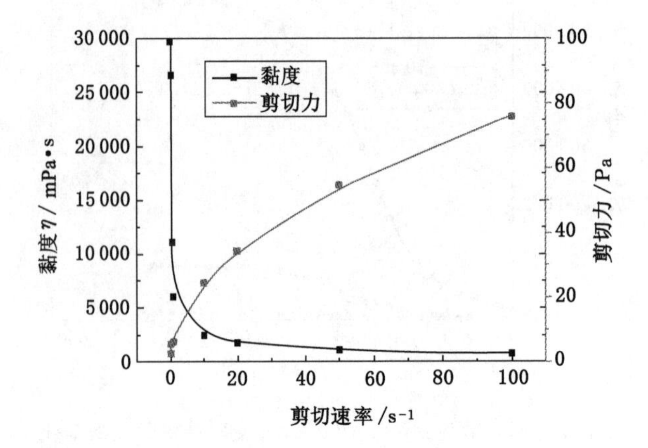

图 3-14　CMC/AlCit 交联体系黏度和剪切力随剪切速率的变化(反应时间为 60 s)

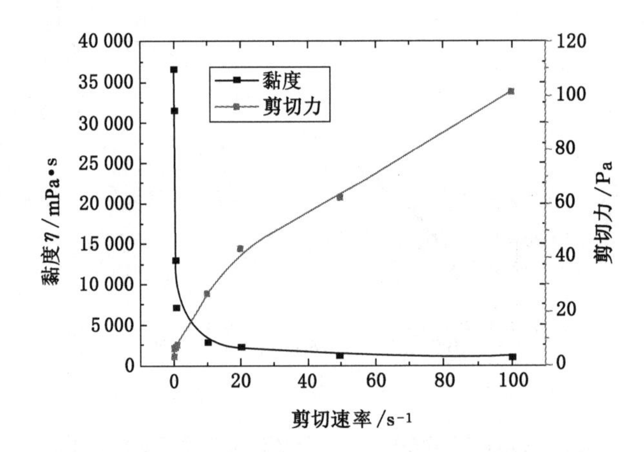

图 3-15　CMC/AlCit 交联体系黏度和剪切力随剪切速率的变化(反应时间为 120 s)

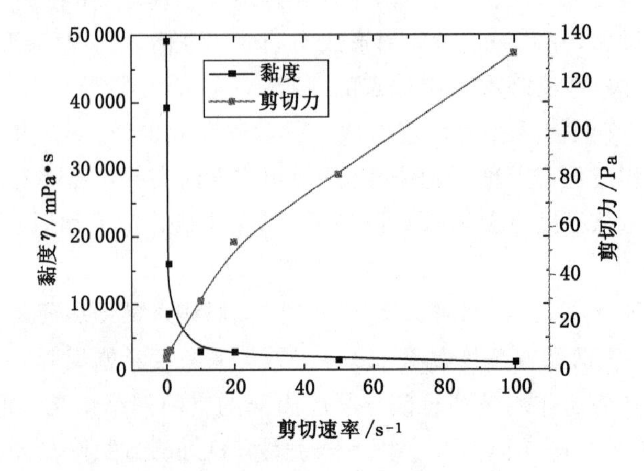

图 3-16　CMC/AlCit 交联体系黏度和剪切力随剪切速率的变化(反应时间为 180 s)

从图 3-14～图 3-16 可见，随着剪切速率的增大，黏度均不断降低，特别是在低剪切速率阶段（<10 s^{-1}）下降尤为明显，而剪切力则逐渐上升。

不同时间下体系剪切力随剪切速率的变化如图 3-17 所示。

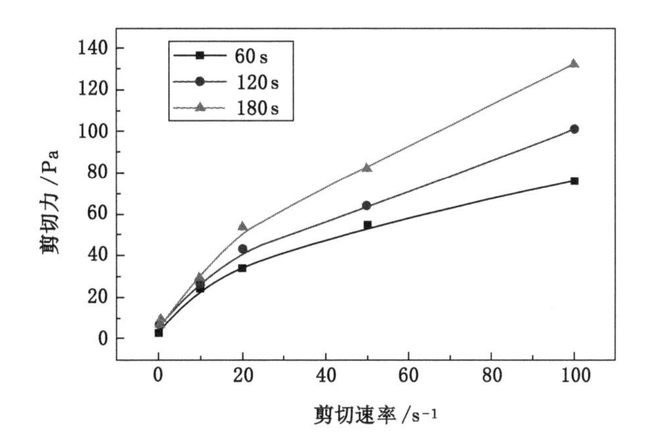

图 3-17 CMC/AlCit 交联体系不同时刻下剪切力随剪切速率的变化

通过对剪切速率和剪切力关系曲线的简单分析可知，该曲线与非牛顿流体流变模型中 Herschel-Bulkley（H-B）流变方程较为接近[123]［方程如式（3-9）所示］。

$$\tau = \tau_0 + C \cdot \dot{\gamma}^n \tag{3-9}$$

H-B 方程涉及三个流变参数，即屈服应力 τ_0、稠度指数 C 和流性指数 n，其计算方法如下：

$$n = \frac{\lg \dfrac{\tau_{\text{max}} - \tau_{\text{x}}}{\tau_{\text{x}} - \tau_{\text{min}}}}{\lg \dfrac{\dot{\gamma}_{\text{x}}}{\dot{\gamma}_{\text{max}}}} \tag{3-10}$$

$$C = \frac{\dot{\gamma}_{\text{max}} - \dot{\gamma}\ \text{min}}{\dot{\gamma}^n_{\text{max}} - \dot{\gamma}^n_{\text{min}}} \tag{3-11}$$

$$\dot{\gamma}_{\text{x}} = \sqrt{\dot{\gamma}_{\text{amx}} \cdot \dot{\gamma}_{\text{min}}} \tag{3-12}$$

式中，τ_{max}、τ_{min}、τ_{x} 分别为在剪切速率 $\dot{\gamma}_{\text{max}}$、$\dot{\gamma}_{\text{min}}$、$\dot{\gamma}_{\text{x}}$ 下的剪切应力。实验时 $\dot{\gamma}_{\text{max}} = 100\ s^{-1}$、$\dot{\gamma}_{\text{min}} = 0.1\ s^{-1}$，则 $\dot{\gamma}_{\text{x}} = 3.17\ s^{-1}$，界于 1 s^{-1} 和 10 s^{-1} 之间（对应的剪切应力分别为 τ_1、τ_{10}），假设在此区间内剪切力与剪切速率之间满足线性关系，则：

$$\tau_{\text{x}} = \frac{\dot{\gamma}_{\text{x}} - \dot{\gamma}_1}{\dot{\gamma}_{10} - \dot{\gamma}_1}(\tau_{10} - \tau_1) + \tau_1 \tag{3-13}$$

将求得的 C，n 值代入式（3-9），则有：

$$\tau_{\text{x}} = \tau_0 + C \cdot \dot{\gamma}^n_{\text{x}} \tag{3-14}$$

实验数据代入式（3-10）～式（3-14），得到不同时刻下流变模型的相关参数及其本构方程，计算结果如表 3-7 所示。

表 3-7　　CMC/AlCit 交联体系流变参数表

序号	交联时间	屈服应力 τ_0/Pa	稠度指数 C	流性指数 n
1	60 s	1.70	5.60	0.63
2	120 s	2.85	3.98	0.70
3	180 s	4.40	3.02	0.76

通过计算表明：由于不同时刻 CMC/AlCit 交联体系成胶过程的差异性，其本构方程不同，随着反应的进行其剪切力增加，但都属屈服假塑性流体，特别是在较低剪切速率下非牛顿流体特征明显，同时该体系具有屈服应力，必须在一定的压力下凝胶网络遭到破坏后才能流动，即必须具备启动压力梯度[134]，其启动压力梯度可通过下式计算[135]：

$$\frac{\Delta P}{l} > \frac{7}{3}\tau_0\sqrt{\frac{\varepsilon}{2e}} \tag{3-15}$$

式中，ε 为孔隙率；e 为有效渗透率，μm^2；τ_0 为屈服应力，g/cm^2；$\Delta P/l$ 为启动压力梯度，MPa/m，其中渗透率可以依据 Blake-Kozeny 公式[136]计算。

$$e = \frac{D_p^2}{150} \times \frac{\varepsilon^2}{(1-\varepsilon)^2} \tag{3-16}$$

式中　D_p——平均粒子直径，m。

根据苏联学者对采空区矿压长期观察研究，采空区孔隙率 ε 与工作面距离 x 符合下列关系[7]：

$$\varepsilon = \begin{cases} 0.000\ 01x^2 - 0.002x + 0.3 & x \leqslant 100\ \text{m} \\ 0.2 & x > 100\ \text{m} \end{cases}$$

假设采空区渗透率为 $1\times10^{-9}\ m^2$、孔隙率为 0.3，则根据表 3-7 和式(3-15)计算得到交联时间分别为 60 s、120 s 和 180 s 时采空区凝胶压力梯度约为 16 Pa/m、26 Pa/m 和 41 Pa/m，若凝胶填充的长度为 20 m 时，则其对应的启动压力需要 320 Pa、520 Pa 和 820 Pa，并随着反应的进行其启动压力越来越高，远远大于工作面采空区漏风压差(工作面进回风侧间的压差一般约 10 Pa[137])，注入的胶体不会被漏风所驱动，因此该体系可有效封堵采空区裂隙，阻断采空区漏风，同时减少有害气体的涌出。

3.7　CMC/AlCit 凝胶成胶途径

目前认为 CMC/AlCit 成胶可能通过两种途径进行：一是 CMC 主链上—COO—基团和 Al^{3+} 形成配位键交联，另一种是铝离子水解缩聚形成 Al—O—Al 三维网络结构，CMC 分子再通过氢键和范德华力充填其中。

通过对 CMC/AlCit 成胶过程中黏度、黏弹性的变化可知，该体系通过第一种途径形成更为合理，即 CMC 溶液大分子线团相互间有缠绕但在静电斥力作用下均处于伸展状态，在加入 AlCit 后，离解的 Al^{3+} 与 CMC 分子链上的—COO—发生有效碰撞并产生配位实现交联反应，高分子链即能牢固的缠结在一起，并形成立体网状结构。

整个交联过程是由多步组成的复杂反应，主要分为以下 3 个阶段：

（1）柠檬酸铝$\xrightarrow{\text{解离}}$铝离子＋柠檬酸；

（2）铝离子$\xrightarrow{\text{水解、络合和羟桥作用}}$多核羟桥铝离子：

$$\left((H_2O)_6Al\left<\begin{matrix}OH\\OH\end{matrix}\right>\left(\begin{matrix}H_2O\quad H_2O\\Al\\H_2O\quad H_2O\end{matrix}\left<\begin{matrix}OH\\OH\end{matrix}\right>\right)_n Al(H_2O)_6\right)^{2n+6}$$

（3）多核羟桥铝离子＋CMC ⟶CMC/AlCit 交联聚合物：

$$\sim\left<\begin{matrix}HO\\HO\end{matrix}\right>\begin{matrix}CMC-C(=O)-O\quad H_2O\\Al\\H_2O\quad H_2O\end{matrix}\left<\begin{matrix}OH\\OH\end{matrix}\right>\begin{matrix}H_2O\quad H_2O\\Al\\H_2O\quad H_2O\end{matrix}\left<\begin{matrix}OH\\OH\end{matrix}\right>\begin{matrix}H_2O\quad H_2O\\Al\\H_2O\quad C(=O)-CMC\end{matrix}\left<\begin{matrix}OH\\OH\end{matrix}\right>\sim$$

其中第一步铝离子的解离是制约整个成胶过程的关键。

3.8 本章小结

本章通过 MCR302 流变仪对 CMC 溶液、CMC/AlCit 交联体系进行稳态剪切、时间扫描、温度扫描以及黏弹性测定，得到相关研究结论如下：

（1）不同浓度 CMC 溶液表观黏度均随剪切速率的变大而降低，是典型的假塑性流体，其零剪切黏度值在 2.0％和 2.5％之间出现突变，是其临界交叠浓度。粉煤灰的加入可增加 CMC 黏度和交联体系强度，减少 CMC 用量，但不宜超过 30％，否则稳定性较差。

（2）CMC/AlCit 交联体系通过 CMC 主链上—COO—基团和 Al^{3+} 形成配位键，最终形成具有三维网状结构的胶体。随着反应的进行，体系黏度先缓慢上升后急剧增加最后基本保持不变，整个成胶过程可分为诱导期、反应加速期和反应终止期共三个阶段，其中诱导期发生在混合 100～200 s 后，此时发生分子内交联形成“局域性”网状结构；此后进入反应加速期，发生分子间交联形成“区域性”网状结构。整个成胶过程随着体系浓度的增大而加速，其中 CMC 影响最大，AlCit 次之，GDL 最小。

（3）随着温度的升高，CMC/AlCit 交联体系的黏度出现降低，使其在防灭火区域容易向高温点流动，而从高温点往外流则相对较为困难，这对灭火非常有利；同时胶体的 G' 和 G'' 均也呈逐渐下降趋势，但 G' 一直大于 G''，说明该凝胶主要表现为弹性性质，能紧密充填于煤层间隙，且具有良好的触变性，在受到矿压等造成的新裂隙时能发生蠕变和自我修复进行二次封堵，可用于巷帮、高冒区自燃隐患的处理。

（4）CMC/AlCit 交联体系随着剪切速率的增大其黏度急剧减少，并在一定启动压力下才能流动，属屈服假塑性流体，反应 180 s 时体系的本构方程为 $\tau=4.40+3.02\dot{\gamma}^{0.76}$。其剪切稀化特性，使得胶体在凝胶泵及管路中流动时受到高剪切力作用变稀容易输送，而进入采空区后随着剪切速率降低、黏度增大，利于其在裂隙中的堆积和封堵，从而实现在指定位置的成胶，同时其形成的胶体启动压力达 820 Pa，远远大于工作面漏风压差，可有效封堵采空区裂隙和漏风，并减少有害气体的涌出。

CHAPTER 4

CMC/AlCit 凝胶的防灭火特性

凝胶是一种特殊的材料，成胶前具有液体的流动性，可渗入到煤岩体裂隙；成胶后又具有类固体的特点，能堵塞漏风通道、隔绝氧气；其内部固结的大量水分，具有良好的吸热降温性；形成的胶体同时具有阻化性，能够减缓煤氧化进程。本章通过 CMC/AlCit 凝胶的封堵实验、胶结实验、热稳定实验、程序升温氧化实验以及热重、热分析和红外光谱测试，研究和评价 CMC/AlCit 凝胶的防灭火性能。

4.1 CMC/AlCit 凝胶的封堵性能

4.1.1　实验装置

采用自行研制的封堵实验测试装置(如图 4-1 所示)，该装置为一长方体，长×宽×高＝200 mm×200 mm×1 000 mm，采用亚克力有机玻璃制成。在距离底部 300 mm 处设一个 50 目滤网，在其上部放入不同高度的破碎煤样。高压氮气通过减压阀、流量计和胶管进入滤网底部自由空间，并由皮托管传递给 U 形压差计。

实验时通过改变凝胶的组分、装煤高度以及氮气压力，考察 U 形压差计读数的变化，进而分析凝胶的抗压能力和封堵性能。

4.1.2　实验条件及参数

实验煤样取自神东补连塔矿(SD)(工业分析及元素分析如表 4-1 所示)，运至实验室后人工破碎筛分，将粒径小于 20 mm 的碎颗粒按照自然级配均匀混合后装入系统进行测试。

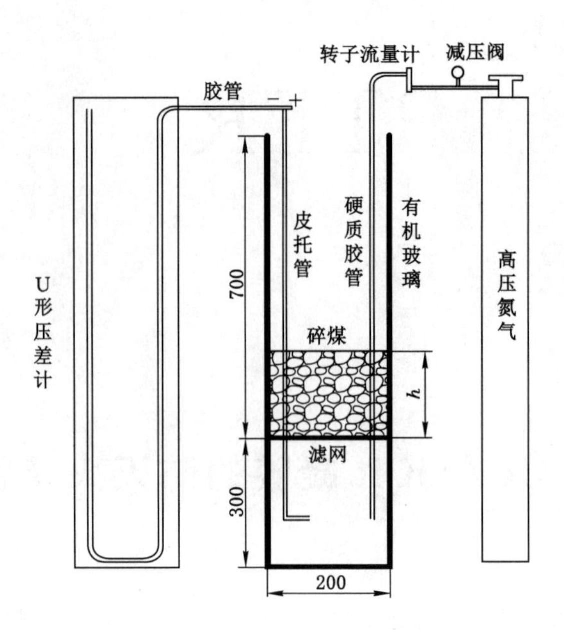

图 4-1　凝胶封堵性能测试装置

表 4-1　　煤样的工业分析和元素分析(质量分数)

煤样	工业分析/%			元素分析/%				
	M_{ad}	A_d	V_{daf}	C	H	O	S	N
SD	9.43	7.15	28.24	76.29	4.07	17.34	0.91	1.39

实验时装煤高度分别为 100 mm、200 mm、300 mm、400 mm 和 500 mm,分别用 3.0% CMC 交联体系(3.0%CMC+8.0%AlCit+1.5%GDL)和 2.5%CMC 交联体系(2.5%CMC+8.0%AlCit+1.5%GDL)从煤样上部倒入各 15 L,待其成胶后注入氮气。

4.1.3　实验结果及分析

根据注入氮气后对胶体的影响程度调节注入氮气的压力,读取 U 形压差计最大值作为胶体的承压值,实验结果如图 4-2 所示。

成胶前由于重力作用,部分交联混合物从煤体裂隙中渗到装置的底部,收集底部流失的体积量,结果如图 4-3 所示。

实验过程中 2.5%凝胶在 400 mm 装煤高度时分布状态如图 4-4 所示。

从图 4-2～图 4-4 可以看出:

(1) CMC/AlCit 交联体系注入破碎煤体成胶后在煤体上部形成覆盖层并填充部分裂隙,使得胶体所在区域成为一个整体,可承受 138～885 mmH_2O (1 mmH_2O=9. 806 65 Pa)的气压,具有较强的封堵性能,可有效减少灌注区域的漏风供氧及有毒有害气体的泄漏。

(2) CMC/AlCit 凝胶的承压能力随着装煤高度的增大而增大。2.5%凝胶体系从装煤高度 100 mm 增加到 500 mm 时,其承受的压力从 138 mmH_2O 增加到 623 mmH_2O,主要是由于交联体系漏失量的逐渐减少。

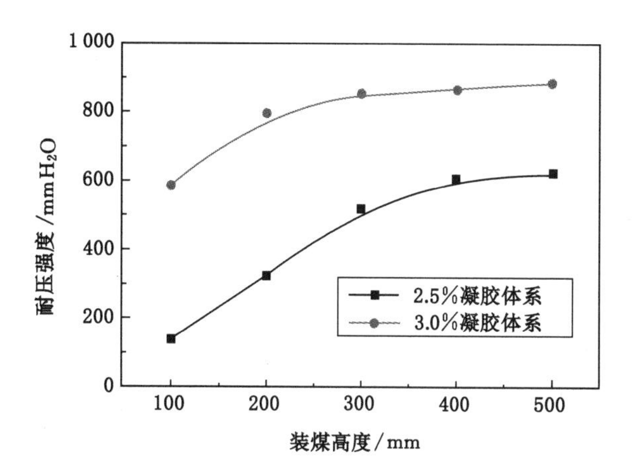

图 4-2　凝胶承压值变化曲线

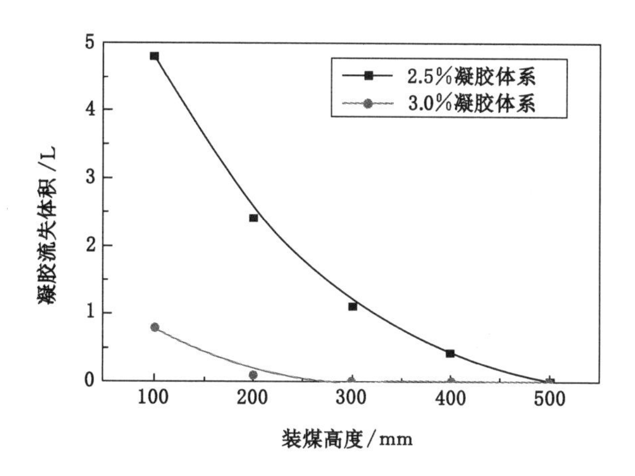

图 4-3　凝胶漏失体积变化曲线

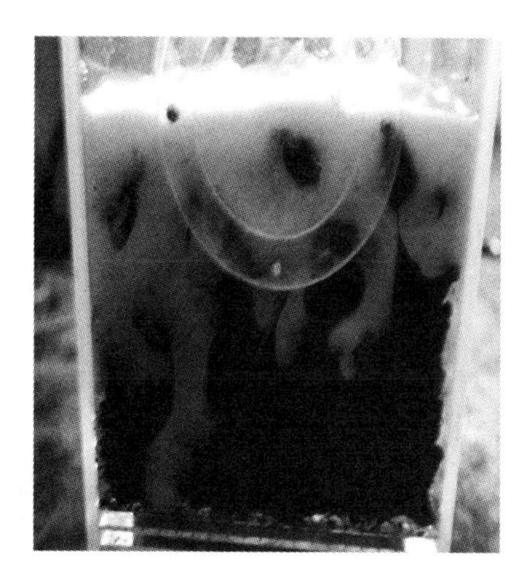

图 4-4　凝胶分布状态

(3) CMC/AlCit 凝胶的承压能力随着交联体系浓度的增大而增大。当装煤高度为 100 mm 时,2.5%的交联体系承压为 138 mmH_2O,而 3.0%的交联体系承压增大到 584 mmH_2O,主要是因为高浓度组分形成的凝胶成胶时间更短、漏失量更少且结构更为稳定。

(4) CMC/AlCit 交联体系在成胶前具有的流动性导致混合物部分的漏失。当装煤高度为 100 mm 时,2.5%CMC 交联体系漏失体积为 4.8 L,漏失率为 32%,但随着装入碎煤高度的增大其漏失量显著减少,当装煤高度达到 500 mm 时,漏失量降为 0;同时 CMC 浓度从 2.5%增大到 3.0%时,漏失量也迅速降低,并在装煤高度达到 300 mm 时漏失量就降为 0。说明交联体系的渗透性随着运移距离和浓度的增加而减少。

(5) CMC/AlCit 凝胶组分不同其渗透性能及承压能力不同,但均能起到一定的封堵作用。当用于封堵煤岩体内部裂隙时,可降低交联聚合物浓度以保证在内部裂隙充分扩散,将破碎煤体全面堵漏覆盖;而用于防灭火区域表面封堵时,应提高交联聚合物浓度以减少胶体的漏失和提高胶体的强度。

4.1.4 凝胶胶结性能试验

注入的 CMC/AlCit 交联体系在进入防灭火区域后,能否将破碎的煤岩体胶结粘连在一起并长时间保持稳定也是衡量凝胶堵漏性能好坏的一个重要指标,同时由于凝胶防灭火区域温度一般较高,而温度的升高加速凝胶的脱水收缩,可能会使已发生胶结的煤体重新裂开,因此考察了温度分别在 30 ℃和 80 ℃下凝胶与碎煤块的胶结情况。

实验选用粒径在 40～80 目碎煤颗粒,煤样重 200 g,添加煤样重量的 10%即 20 g 2.5%的交联体系(2.5%CMC+8.0%AlCit+1.5%GDL),混合均匀后,分别置于真空干燥箱内在 30 ℃和 80 ℃情况下干燥 24 h 后,发现经凝胶处理后煤样颗粒部分发生胶结,然后重新用 40 目的过滤筛过滤并称重,得到在 30 ℃和 80 ℃下胶结煤样的比重占原煤样比重分别为 41%和 22%。

结果表明:交联体系在渗入到煤体裂隙内成胶后,黏结松散煤体,从而使得煤粒与空气接触的比表面积大大降低,减少了氧气的渗透,可有效降低注胶区域发生自燃的可能性。

4.2 CMC/AlCit 凝胶的热稳定性

CMC/AlCit 交联体系的主要成分是水,虽然在成胶后被固定于胶体所形成的网状结构骨架中并失去了流动性,但由于温度的升高、高分子链的降解等作用,凝胶网状结构产生脱水收缩现象[138]。任强[139]研究认为:凝胶脱水分为凝胶稳定期、突发脱水期以及持续收缩期共 3 个阶段,其中温度是影响其脱水的主要外部因素,而防灭火用凝胶注入区域的温度一般较高,因此,研究恒温及不同温度下凝胶的稳定性,对于凝胶的使用具有重要的指导意义。

衡量凝胶热稳定性较为直观的方法是测量凝胶的受热失重率[140],即通过计算加热后某温度下胶体的质量减少量与初始质量之比,用式(4-1)进行计算。

$$\eta = \frac{m_q - m_s}{m_q} \tag{4-1}$$

式中 m_q——凝胶的初始质量,g;

m_s——凝胶在某一特定时刻的质量，g。

4.2.1　程序升温下凝胶的失重规律

分别将 200 g 2.5%(2.5%CMC+8.0%AlCit+1.5%GDL)和 3.0%(3.0%CMC+8.0%AlCit+2.0%GDL)的交联体系经充分搅拌后装入 350 mL 的玻璃瓶中(为了保证受热后水分的蒸发，瓶口不能完全封闭)，待混合物成胶后，将胶体和装有同质量水的玻璃瓶置于程序升温箱中升温(升温速率为 2 ℃/min，升温范围为 30～180 ℃)，在达到设定温度恒温 5 min 后取出玻璃瓶进行称重，并立即放回，每升高 10 ℃测定一次，计算并绘制其失重率如图 4-5 所示。

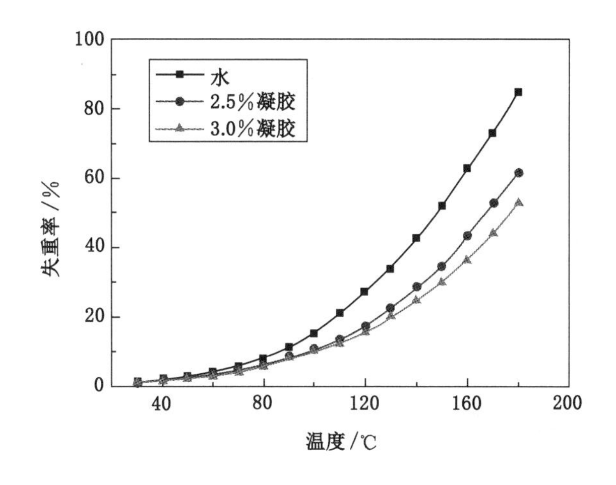

图 4-5　不同温度下凝胶失重率

从图 4-5 可见，随着温度的升高，凝胶脱水收缩现象明显，其重量衰减的较快，特别是当温度超过 100 ℃后急剧上升，但与同样质量的水相比，凝胶的失水率要小，温度越高两者差值越大，且交联体系浓度越高其失水率越小。180 ℃时，水的失重率达到 85%，而相应 2.5%和 3.0%的凝胶失重率只有 61%和 52%，说明形成凝胶的交联网络始终对其吸附的水分具有较大的束缚力，可有效减少水分的蒸发。

4.2.2　高温(180 ℃)下失水情况

同上，将 200 g 2.5%(2.5%CMC+8%AlCit+1.5%GDL)和 3.0%(3.0%CMC+8%AlCit+2.0%GDL)的胶体和装有同质量水的玻璃瓶置于已升温至 180 ℃的恒温箱中，观察各瓶的失水情况，并记录完全失水的时间，结果如表 4-2 所示。

表 4-2　　胶体失水时间(180 ℃)

样品	2.5%胶体	3.0%胶体	水
完全失水时间/min	21.1	28.5	11.2
与水完全蒸发时间比	1.88	2.54	1

从表 4-2 可见，在 180 ℃下胶体的失水时间与水相比大幅提高，是水完全蒸发时间的

1.88～2.54 倍，说明胶体中的水被凝胶所形成的网络所固定，胶体的固水性好。

4.3 CMC/AlCit 凝胶的阻化性能

煤自燃的发生和发展是煤氧复合作用的结果，是多变的自加速放热、热量积聚，并最终引起燃烧的过程，在该过程中宏观表现为温度的上升和气体的释放。因此，通过考察原煤样、添加凝胶及阻化剂煤样在程序升温过程中标志气体、交叉点温度和活化能的变化情况，测试 CMC/AlCit 凝胶对煤自燃过程的阻化性能。

4.3.1 实验装置

实验装置采用程序升温氧化系统(图 4-6)，主要包括程序控温箱、煤样罐、供气系统、温度采集系统、气样采集及色谱分析系统。其中煤样罐采用圆柱形设计，铜质，内高 100 mm，内径 45 mm，壁厚 1 mm。

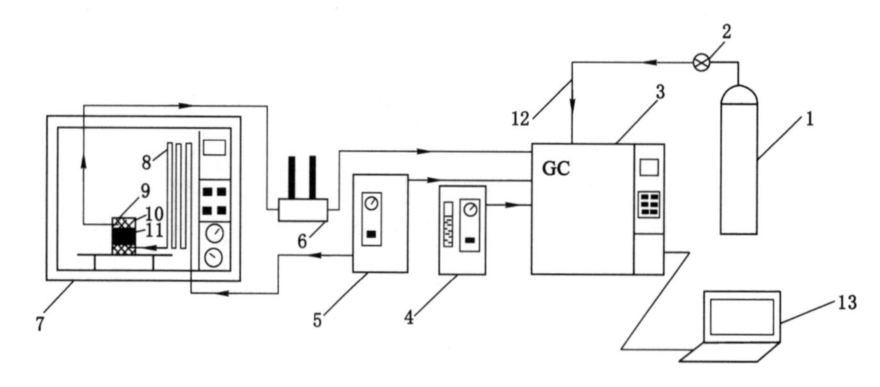

图 4-6 程序升温氧化实验系统

1——载气瓶；2——减压阀；3——气相色谱仪；4——高纯氢发生器；5——低噪声空气泵；6——气体净化器；7——程序控温箱；8——预热管路；9——煤样罐；10——石棉；11——煤样；12——气路；13——计算机

4.3.2 实验条件及方法

实验煤样选取 3 个不同变质程度的煤种，分别为锡林浩特褐煤(XM)、神东长焰煤(SD)和枣庄气肥煤(ZZ)，煤样的基础数据见表 4-3。

表 4-3　煤样的工业分析和元素分析

煤样	工业分析/%			元素分析/%				
	M_{ad}	A_d	V_{daf}	C	H	O	S	N
XM	27.99	11.08	47.45	68.16	3.95	24.96	1.41	1.52
SD	9.43	7.15	28.24	76.29	4.07	17.34	0.91	1.39
ZZ	0.39	6.4	37.88	82.22	5.21	10.71	1.47	0.39

实验时先将煤样破碎筛分出 40～80 目各 150 g，并在 25 ℃的真空干燥箱内干燥 2 h 后用磨口瓶保存作为程序升温用实验煤样。

目前煤矿防灭火用阻化剂主要为吸水性很强的盐类，如 $CaCl_2$、$MgCl_2$ 等，因此选用 $CaCl_2$ 和 CMC/AlCit 凝胶(2.5%CMC +8%AlCit+1.5%GDL)进行阻化性能对比分析。

将每个实验煤样分成 3 份，每份 50 g，其中一份为原煤样，一份加入 20%的 $CaCl_2$ 溶液 5 g，一份加入交联体系 5 g，共 15 个样品，在 40 ℃下真空干燥 24 h 装入铜质煤样罐中并混合均匀后待用。

实验时将煤样罐置于程序控温箱中央，接好进、出气气路和温度探头(探头置于煤样罐的几何中心)，然后供给 80 mL/min 的干空气(氧气浓度为 20.90%)，并检查气路的气密性。

测试时将炉内温度设为 30 ℃并恒温运行 10 min 后进行程序升温，升温速率为 1.0 ℃/min (由于主要考察阻化剂对煤自燃低温阶段的阻化性能，实验终温温度设定在 220 ℃)，煤体温度每上升 10 ℃取气样 1 次并利用色谱仪进行分析。

4.3.3 凝胶对煤自燃过程标志气体的影响

目前国内外最常用的标志气体主要有 CO、C_2H_4 和 C_2H_2[141,142]，其中 CO 气体具有出现时间早、绝对生成量大，是煤自燃标志气体主要指标；C_2H_4 和 C_2H_2 气体是煤升温过程中达到一定温度后才开始出现，可作为煤自燃标志气体辅助指标，本次实验主要考察 CO、C_2H_4 和 C_2H_2 气体的生成变化规律。

实验过程中各煤样在添加不同阻化剂条件下气体变化情况如图 4-7～图 4-9 所示(在整个实验过程中均未检测到 C_2H_2 气体)。

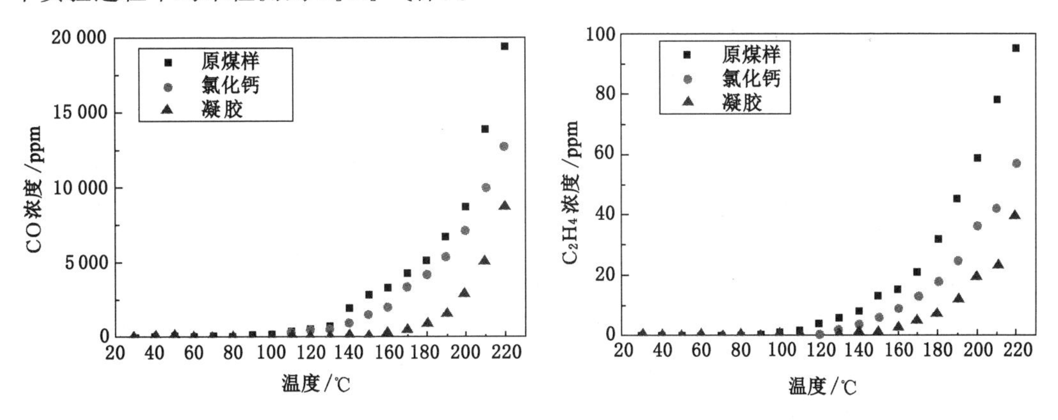

图 4-7 XM 煤气体变化曲线

从上述程序升温氧化过程中 CO 和 C_2H_4 气体的变化数据分析可知：

(1) 各煤样升温氧化过程中生成的 CO 和 C_2H_4 的变化规律基本相同。CO 在起始温度就开始出现，低温阶段生成量较小，但超过临界温度后，其生成量呈指数上升趋势；C_2H_4 是煤温达到某一温度以后的氧化产物，不同的煤样产生 C_2H_4 的初始温度存在差别，其产生速率均随着煤温的上升呈逐渐上升的规律。

(2) 各煤种煤样经氯化钙和凝胶处理后，生成的标志气体浓度均出现下降，同时 C_2H_4 气体初始出现的温度升高，说明添加的阻化剂对各煤种的自燃具有一定的阻化抑制作用。

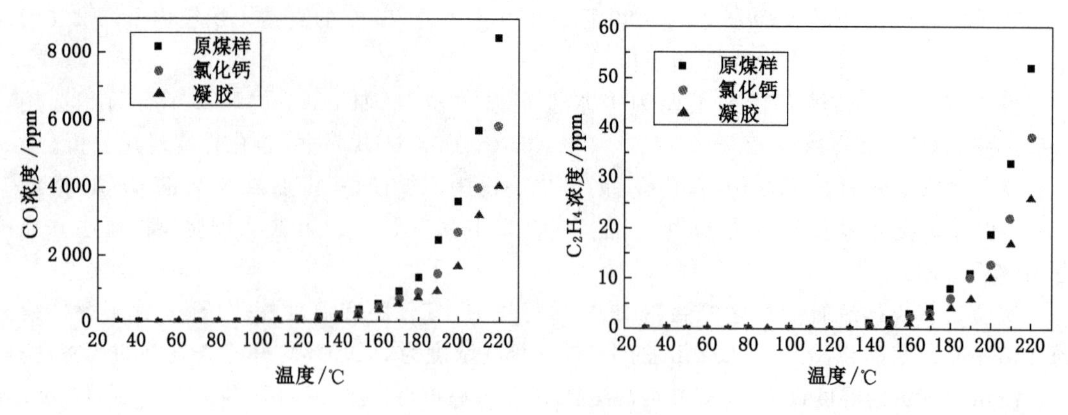

图 4-8　SD 煤气体变化曲线

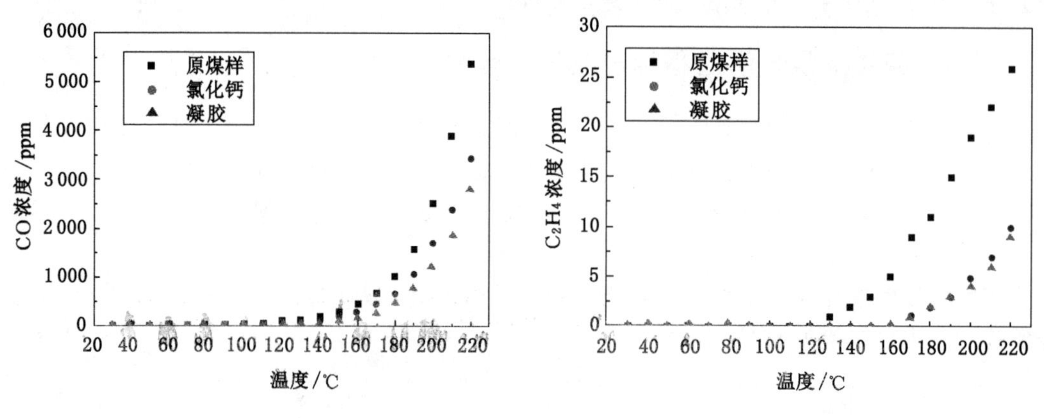

图 4-9　ZZ 煤气体变化曲线

(3) 经凝胶处理后的煤样比经氯化钙处理后的煤样气体浓度下降的幅度更大，如对于 XM 煤，CO 均在起始温度 30 ℃开始出现，当温度升高至 220 ℃时原煤样 CO 浓度达到 19 446 ppm，而经凝胶和氯化钙处理后的煤样 CO 浓度分别下降至 12 734 ppm 和 8 618 ppm，下降幅度分别为 34.5%和 55.7%；同时出现 C_2H_4 气体的起始温度则由 100 ℃上升至 120 ℃和 150 ℃，在 220 ℃时浓度则由 95 ppm 下降至 57 ppm 和 39 ppm，下降幅度分别为 40.0%和 58.9%，说明凝胶的阻化效果优于目前常用的氯化钙。

4.3.4　凝胶对煤自燃过程交叉点温度的影响

程序升温氧化过程中，程序控温箱体的温度按照设定的升温速率通过电炉丝加热以线性速度上升，而罐内煤体温度的上升则一方面靠箱体的传热，另一方面受自身的氧化放热以及煤样中水分蒸发等影响。在起始阶段，罐内煤体的温度要低于箱体的温度，当到达一定温度后，随着煤氧复合反应的加速，煤体放出大量的热量，温度加速上升，罐内煤体温度与箱体温度可能出现相等，此时煤样温度与炉体温度的曲线出现交叉点，该温度点称为交叉点温度(CPT)[143,144]。

实验过程中各煤样在添加不同阻化剂条件下炉体和煤体温度变化情况如图 4-10～图 4-12 所示，经计算各煤样的交叉点温度如表 4-4 所示。

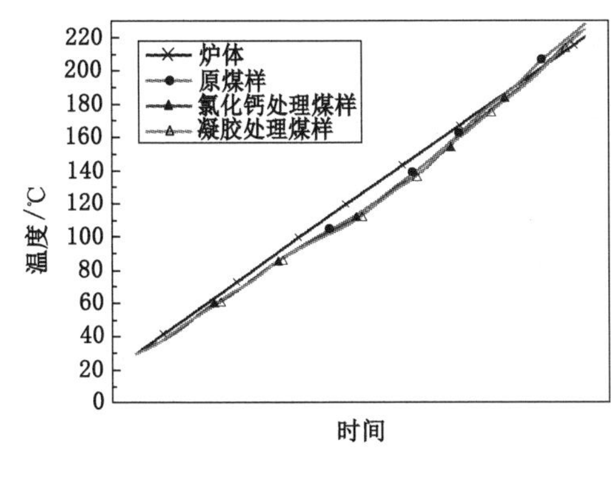

图 4-10　XM 煤温升曲线

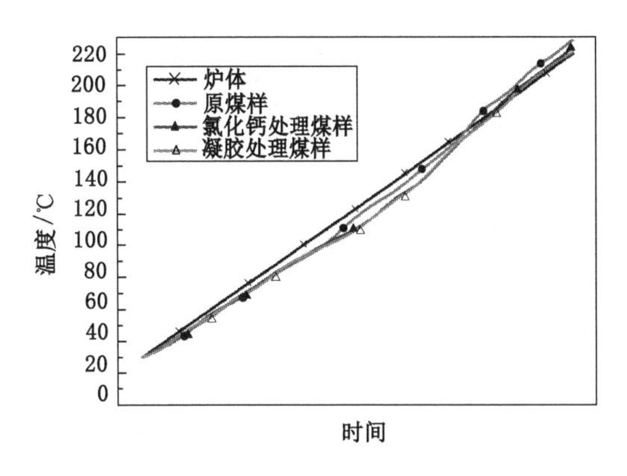

图 4-11　SD 煤温升曲线

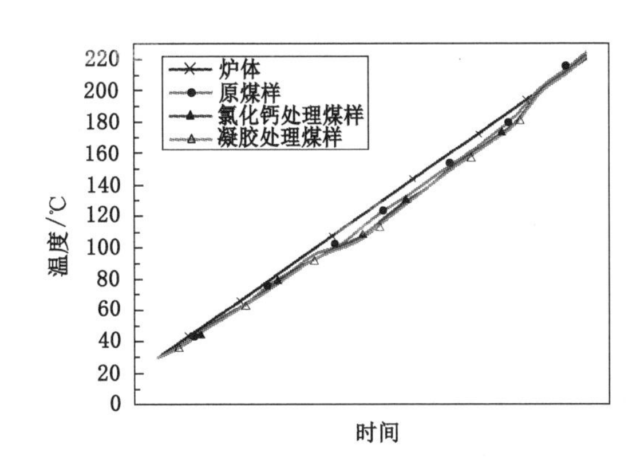

图 4-12　ZZ 煤温升曲线

表 4-4　　各煤样交叉点温度　　单位:℃

煤样	原煤样	氯化钙	凝胶
XM	190.5	202.3	204.9
SD	182.3	190.4	198.9
ZZ	198.3	209.8	212.2

从上述程序升温氧化过程中炉体及各煤样温度的变化数据分析可知：

(1) 各煤样温度变化趋势基本相同,均随着炉温的升高而升高,但由于煤中水分吸热等因素的影响,开始阶段煤样与炉体温差逐渐加大,当煤体温度升至 100 ℃附近温差达到最大值,此后随着煤氧复合放热的增大,温差又开始逐渐缩小,并在一定温度下出现交叉点温度。

(2) 经氯化钙和凝胶处理后的煤样与原煤样相比,交叉点温度均有所升高,表明煤样经阻化剂处理后,煤的氧化进程均受到抑制,体现了良好的阻化性能。

(3) 三种煤样经凝胶处理后交叉点同原煤样相比分别推迟了 14.4 ℃、16.6 ℃和 13.9 ℃,同经氯化钙处理后煤样相比也分别推迟了 11.8 ℃、8.1 ℃和 11.5 ℃,说明在同样的情况下,凝胶的阻化性能优于氯化钙。

4.3.5 凝胶对煤自燃过程活化能的影响

煤样程序升温氧化过程中生成 CO、CO_2 等气体，反应过程如式(4-2)所示：

$$\text{coal} + O_2 \longrightarrow mCO + gCO_2 + \text{其他产物} \tag{4-2}$$

任意温度下煤氧之间的反应速率为：

$$v(T_i) = v(O_2) = v(CO)/m = v(CO_2)/g = Ac_{O_2}^n \exp(-E_a/RT_i) \tag{4-3}$$

式中 v——反应速率，mol/(m^3·s)；

T_i——热力学温度，K；

A——指前因子；

c_{O_2}——反应气体中初始氧气含量，mol/m^3；

n——反应级数；

E_a——活化能，J/mol，该反应为复合反应，计算出来的活化能为表观活化能；

R——摩尔气体常数，8.314 J/(mol·K)。

由于原始煤体中存在一定量原生的 CO_2，而煤体内一般不存在原生的 CO 气体，因此在任意温度时煤氧反应速率以 CO 计。

假设在整个过程中，反应前后煤样质量、氧气的初始浓度不变，风流仅沿煤样罐的轴向流动，且罐内温度分布均匀，则沿煤样罐轴向 dx 处 CO 的生成速率为：

$$S \cdot dx \cdot v(CO) = kv_g dc \tag{4-4}$$

式中 S——煤样罐的截面积，m^2；

v(CO)——CO 的生成速率，mol/(m^3·s)；

k——单位换算系数，22.4×10^9 mol/m^4；

v_g——气流速率；

c——CO 浓度，%。

将式(4-4)代入式(4-3)得：

$$ASmc_{O_2}^n \exp(-E_a/RT_i)dx = kv_g dc \tag{4-5}$$

对式(4-5)两端积分得：

$$\int_0^L ASmc_{O_2}^n \exp(-E_a/RT_i)dx = \int_0^{C_{out}} kv_g dc \tag{4-6}$$

式中 l——煤样罐高度，m，取 0.1 m；

c_{out}——煤样罐出口 CO 浓度。

对式(4-6)两边取自然对数得：

$$\ln c_{out} = -\frac{E_a}{R}\frac{1}{T_i} + \ln\left(\frac{ASLmc_{O_2}^n}{kv_g}\right) \tag{4-7}$$

由式(4-7)可知，$\ln c_{out}$ 与 $1/T_i$ 呈线性关系，因此通过测定实验过程中不同 T_i 下煤样罐出口处 CO 浓度，并对 $\ln c_{out} - 1/T_i$ 进行作图得到直线的斜率即可求出煤样的活化能 E_a[145,146]。

由于 CO 生成量在升温过程中随着温度的变化存在突变，即先缓慢增加，当煤温达到突变点时迅速增加，该突变点即为煤自燃临界温度，因此活化能在反应过程中也会发生突变，即在突变点前后活化能由不同的分段函数表示[147,148]。Wang 等[149]研究发现 70 ℃是转折温度点(50～90 ℃温度范围内),因此,按上述方法对三个煤种添加不同阻化剂下煤样分别在 30～70 ℃和 80～220 ℃进行计算并作图处理,其中 XM 煤处理结果如图 4-13 所示。三种煤样及其阻化煤样不同温度段活化能计算结果如表 4-5 所示。

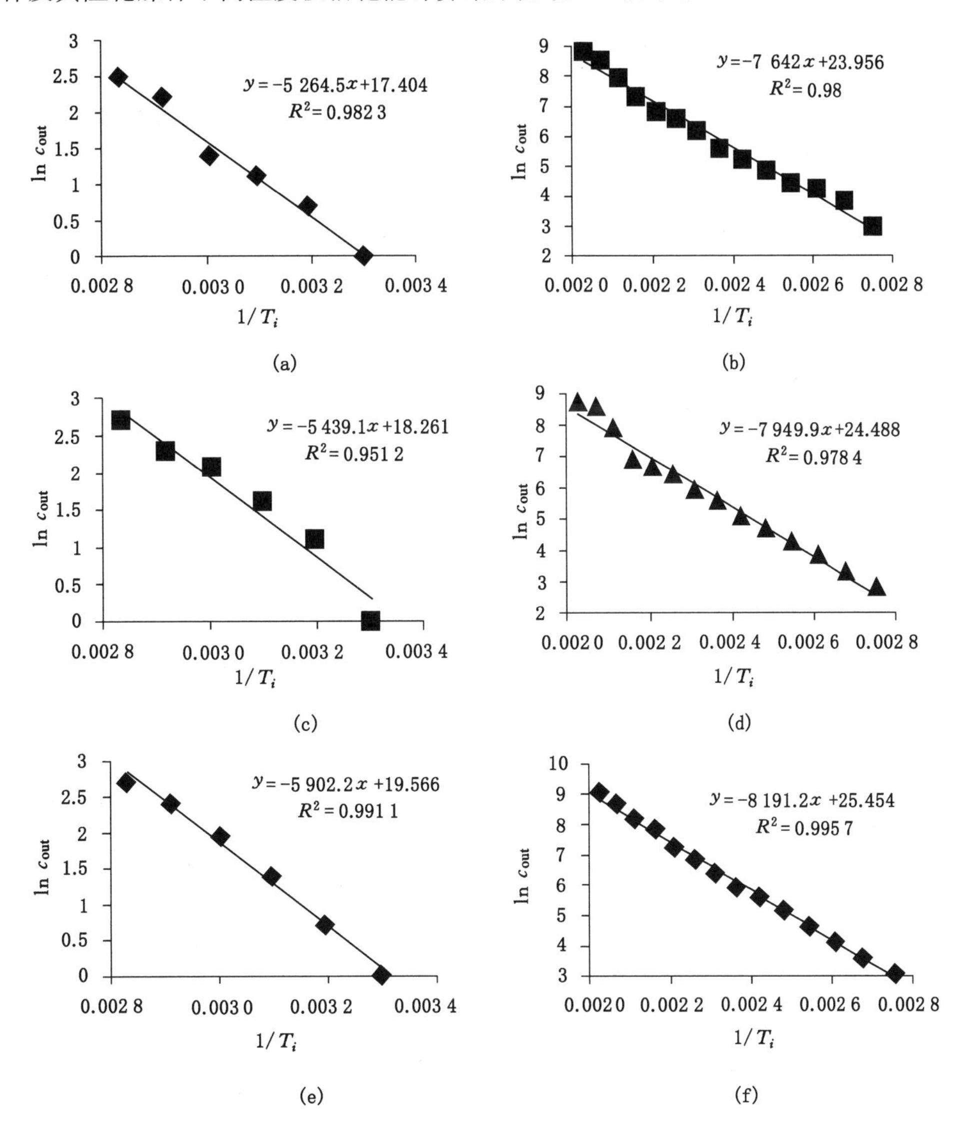

图 4-13 XM 煤 $\ln c_{out}$—$1/T_i$ 关系图

(a) 原煤样(30～70 ℃);(b) 原煤样(80～220 ℃);(c) 氯化钙处理煤样(30～70℃);(d) 氯化钙处理煤样(80～220 ℃);(e) 凝胶处理煤样(30～70 ℃);(f) 凝胶处理煤样(80～220 ℃)

表 4-5　　各煤样不同温度段的活化能　　单位:kJ · mol^{-1}

温度段	XM			SD			ZZ		
	原煤	氯化钙	凝胶	原煤	氯化钙	凝胶	原煤	氯化钙	凝胶
30～70 ℃	43.76	45.23	49.07	45.24	48.43	51.21	46.54	49.12	51.57
80～220 ℃	63.54	66.10	68.10	76.42	81.20	86.23	87.29	93.41	101.55

从上述图表可知：

(1) 随着煤变质程度的增加、反应温度的升高，煤样的活化能呈增大趋势，即反应分解生成 CO 气体所需要的能量越大。

(2) 经氯化钙和凝胶处理后煤样的活化能均有一定程度的升高，如 XM 煤在 30～70 ℃分别增加了 3%和 12%，在 80～220 ℃分别增加 4%和 7%，说明阻化材料的加入降低了煤的氧化反应速率，抑制了煤氧反应进程。同样条件下凝胶煤样较氯化钙煤样的活化能增加更多，说明其阻化效果更好。

(3) 阻化材料中活性结构可中和煤氧反应生成的自由基，控制自由基链式反应的正常发展，从而阻止煤自燃进程的发展，达到抑制煤自燃的作用。

4.4 CMC/AlCit 凝胶对煤自燃过程质量及热量的影响

煤自燃始于煤吸附空气中氧气并发生一系列复杂的物理化学变化，该过程由许多平行反应并存，主要包括煤中水分的挥发、煤与氧气的氧化反应以及含氧官能团的热分解过程，并共同决定着煤自燃过程中质量及热量的变化[150]。从煤样质量变化来看，煤中水分挥发及含氧络合物的分解则是一个质量减少的过程，而煤氧复合生成含氧络合物则是一个质量增加的过程，并在低温氧化阶段煤体质量呈现缓慢增加的趋势[151,152]；从煤样热量变化来看，煤氧复合生成中间含氧络合物要放出热量，而煤中水分挥发及含氧官能团热分解是典型的吸热过程，只有当产热速率大于散热速率时，才能引起煤的自燃。

目前对煤自燃过程质量变化的研究主要基于热重(TG-DTG)分析技术[153,154]，并通过质量的变化确定煤自燃过程特征温度点，进而进行煤自燃过程阶段的划分；而热量的变化一般采用差示扫描量热(DSC)热分析技术，如仲晓星[155]利用 TG-DSC 联用分析技术对煤自燃过程中放热速率及放热量进行了研究；余明高等[156]利用热分析技术对比热解和氧化过程不同的动力学特性，得出煤种热解和氧化的关系；潘乐书等[157]，Zhang 等[158]则通过 DSC 曲线计算了煤低温氧化的活化能。

本节通过 TG-DTG 实验和 DSC 实验对比原煤样和添加 CMC/AlCit 凝胶的煤样在程序升温氧化过程中质量和热量的变化，分析凝胶对煤自燃过程的影响。

4.4.1 TG 实验

4.4.1.1 实验装置及测试方法

实验用热分析仪为德国 NETZSCH-STA409C 型，为了保证煤体与空气的充分接触，采用 Al_2O_3 平底坩埚。

实验时用精度为万分级的天平准确称取 10 mg SD 煤样(80～120 目)，均匀松散地铺在坩埚上，然后向加热炉内通入 60 mL/min 的空气(氧气浓度为 20.9%)，以 1 K/min 的升温速率从室温加热到 300 ℃；然后在 10 mg SD 原煤样中加入 1 mg 的 2.5%CMC 交联体系(2.5%CMC +8%AlCit+1.5%GDL)，充分搅拌均匀在室温下静置 20 min 后放入坩埚，重复上述过程。

4.4.1.2　实验结果

实验得到的 TG 曲线和 DTG 曲线如图 4-14 所示。

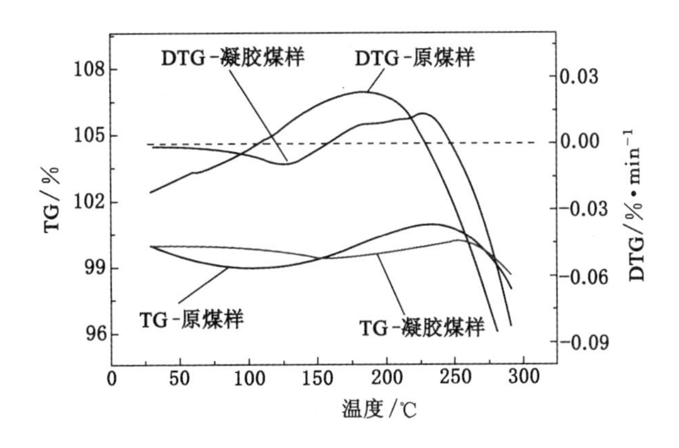

图 4-14　程序升温过程中煤样质量变化曲线

从原煤样 TG—DTG 曲线可见，煤自燃过程中质量的变化可分为三个阶段：① 脱水减重阶段(30～120 ℃)，由于水分的挥发，TG 曲线出现下降，DTG 曲线为负值，煤样质量出现明显的降低；② 吸附增重阶段(120～230 ℃)，随着温度的升高，煤氧复合作用加强，煤吸附氧气增多并生成中间络合物，TG 曲线开始上升，DTG 曲线为正值，煤样质量呈现缓慢增加，且 DTG 曲线在 180 ℃左右出现最大值，表明在该温度下质量增加速率最快；③ 燃烧失重阶段(>230 ℃)，煤发生急剧的化学反应，消耗大量的煤，TG 曲线出现下降，DTG 曲线为负值且迅速下降，煤样质量出现迅速降低的趋势。

由于 CMC/AlCit 凝胶的固水和填充封堵作用，添加胶体煤样的 TG—DTG 曲线与原煤样相比，变化趋势基本相同，但变化相对平缓，其质量变化较小，各阶段温度相应滞后，说明煤的氧化进程减缓，加入的胶体对煤自燃低温氧化阶段具有一定的抑制作用。

4.4.1.3　基于 TG 曲线的氧化热解动力学分析

假设煤的氧化速率等同于煤样质量变化速率，在低温氧化阶段符合一级反应，则煤样质量变化速率与质量的关系可以用下式表示[159]：

$$\frac{\mathrm{d}\alpha}{\mathrm{d}T}=\frac{A}{\beta}\mathrm{e}^{-\frac{E_a}{RT}}(1-\alpha) \tag{4-8}$$

其中，α 为煤样反应的转化率，%。通过 TG 曲线得到：

$$\alpha=\frac{w_0-w}{w_0-w_\infty} \tag{4-9}$$

式中，A、R、T、E_a 同上；β 为升温速率，K/min，$\beta=\mathrm{d}T/\mathrm{d}t$($t$ 为反应时间，s)；w_0 为起始质量，g；w_∞ 为氧化完成后的剩余质量，g；w 为任意 t 时刻的剩余质量，g。

对式(4-8)利用 Doyle 积分法并作近似处理最终得到下式[160]：

$$\ln[-\ln(1-\alpha)]=\ln\left(\frac{AE_a}{\beta R}\right)-5.314-0.127\ 8\frac{E_a}{T} \tag{4-10}$$

利用式(4-10)对 $1/T$ 作图，可得一直线，该直线的斜率和截距分别对应于煤低温氧化时质量变化的活化能 E_a 及频率因子 A。

依据煤样在低温氧化阶段(＜230 ℃)质量随温度变化的规律,将其分为脱水阶段(30～110 ℃)、加速氧化阶段(110～150 ℃)和快速氧化阶段(150～230 ℃)共三个阶段,原煤样和经凝胶处理煤样在各阶段活化能计算结果如表 4-6 所示。

表 4-6　不同煤样对 TG 曲线各个阶段活化能影响

煤样	E_a/kJ·mol^{-1}		
	脱水阶段	加速氧化阶段	快速氧化阶段
原煤样	40.55	77.83	95.82
凝胶煤样	48.36	84.23	99.47

从表中可见,经凝胶处理后煤样各阶段的活化能均出现增大,说明凝胶的加入使煤氧反应变得更为困难,具有一定的抑制作用。

4.4.2　DSC 实验

4.4.2.1　实验装置及测试方法

采用德国 NETZSCH-204HP 型差示扫描量热仪,实验过程与 TG 实验过程相类似。

4.4.2.2　实验结果

程序升温过程中原煤样和添加凝胶煤样的质量变化曲线 DSC 曲线如图 4-15 所示。

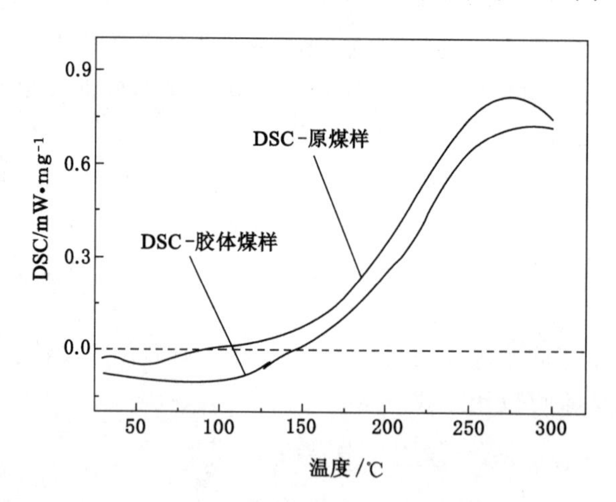

图 4-15　程序升温过程中煤样热量变化曲线

从原煤样的 DSC 曲线可知,煤自燃的过程包含三个阶段:① 脱水吸热阶段(30～110 ℃),由于煤中水分挥发,DSC 曲线上出现明显的吸热峰,DSC 曲线为负值;② 加速氧化放热阶段(110～150 ℃),随着煤样温度的升高,煤氧复合作用加强,煤样表现出放热趋势,DSC 曲线从负值变为正值,并随着温度的增加放热速率缓慢增大,煤自燃进入加速氧化阶段;③ 快速氧化放热阶段(150～300 ℃),随着温度的进一步升高,煤氧化放热速率快速增加,放热量快速增大,表明煤自燃进入自氧化加速阶段,并在 275 ℃达到最大值,随后放热速率呈现下降趋势,275 ℃即为该煤样的自燃点。

添加胶体的煤样 DSC 曲线与原煤样相比,变化趋势基本相同,但由于 CMC/AlCit 凝胶的固水和填充封堵作用，添加胶体后随着更多水分的蒸发、煤氧反应的减弱、放热量的减少，以及成胶过程中吸热作用，胶体煤样的放热速率一直低于原煤样，在 150 ℃左右 DSC 曲线才从负值变为正值，比原煤样推迟了 40 ℃，其他相应各阶段的温度也明显延迟，说明凝胶能有效抑制煤低温氧化的进程。

4.4.2.3 基于 DSC 技术的氧化热解动力学分析

假设煤氧复合反应进行的程度与反应放出或吸收的热效应成正比，即与 DSC 曲线下的面积成正比，如图 4-16 所示。

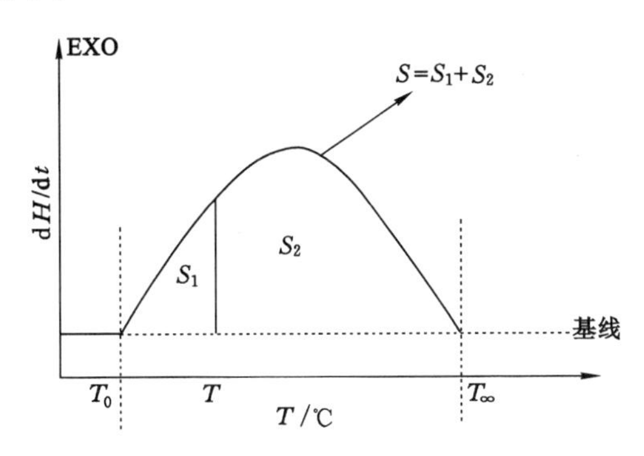

图 4-16 典型的 DSC 曲线

反应转化率由式(4-11)求得[161]：

$$a=\frac{H}{H_{\mathrm{T}}}=\frac{S_i}{S} \tag{4-11}$$

式中，H 为温度为 T 时的反应热，为图 4-16 中的 S_1；H_{T} 为反应的总热焓，为图 4-16 中的 S，$S=S_1+S_2$。

式(4-11)两边对温度求导，则有：

$$\frac{\mathrm{d}a}{\mathrm{d}T}=\frac{\mathrm{d}H}{\mathrm{d}T}\times\frac{1}{H_{\mathrm{T}}} \tag{4-12}$$

根据 Arrhenius 公式，煤反应速率可表示为：

$$\frac{\mathrm{d}a}{\mathrm{d}T}=k(T)\times f(a)=A\exp\left(\frac{-E}{RT}\right)f(a) \tag{4-13}$$

式中，$f(a)$为煤低温氧化机理函数，可假设 $f(a)=(1-a)^n$，n 为氧化反应级数，一般在 1～2 之间。

联立式(4-12)和式(4-13)可得：

$$\frac{\mathrm{d}H}{\mathrm{d}T}\times\frac{1}{H_{\mathrm{T}}}=k(T)\times f(a)=A\exp\left(\frac{-E}{RT}\right)\times f(a) \tag{4-14}$$

对式(4-14)两边同时取对数：

$$\ln\left(\frac{\mathrm{d}H}{\mathrm{d}T}\times\frac{1}{H_{\mathrm{T}}}\right)-n\ln(1-a)=\ln A-\frac{E}{RT} \tag{4-15}$$

将 $a=\dfrac{H}{H_{\mathrm{T}}}$代入式(4-15)可得：

$$\ln\left(\frac{\mathrm{d}H}{\mathrm{d}T}\times\frac{1}{H_{\mathrm{T}}}\right)-n\ln\left(\frac{H_{\mathrm{T}}-H}{H_{\mathrm{T}}}\right)=\ln k=\ln A-\frac{E}{RT} \tag{4-16}$$

当反应级数 n 一定时，通过 $\ln k$ 对 $1/T$ 作图可得一条直线，该直线的斜率和截距分别对应于 $-E/R$ 和 $\ln A$。通过公式(4-16)计算得到不同煤样各个阶段的活化能如表 4-7 所示。

表 4-7　　不同煤样对 DSC 曲线各个阶段活化能影响

煤样	E_a/kJ·mol^{-1}		
	脱水阶段	加速氧化阶段	快速氧化阶段
原煤样	41.47	73.57	93.40
凝胶煤样	49.68	80.54	101.48

从表中可见，经凝胶处理后煤样各阶段的活化能均出现增大，说明凝胶的加入使煤氧反应变得更为困难，具有一定的抑制作用。

4.5 CMC/AlCit 凝胶对煤微观结构特性的影响

自燃是煤的一种自然属性，并受到煤化程度、煤中水分、煤岩成分、含硫量、煤的粒度与孔隙结构等多种内在因素的影响，其中煤分子结构单元中活性基团的种类、数量等微观结构是引起煤自燃性差异的根本原因[162,163]，因此通过分析比较凝胶处理前后煤样微观结构的变化，可反映凝胶对煤自燃的影响。

4.5.1 FTIR 实验装置及测试方法

目前研究煤的微观结构广泛使用傅里叶变换红外光谱(FTIR)[164,165]，本实验采用德国 Bruker VERTEX 70 型红外光谱仪测定原煤样及凝胶煤样的官能团。

具体操作步骤如下：① 测试参数设置：光谱扫描范围为 4 000～500 cm^{-1}，分辨率为 2 cm^{-1}，扫描次数为 64 次/s；② 背景谱图测试：把 KBr 粉末放在白炽灯下烘烤 10 min 左右，然后将 KBr 装入样品池内，背景光强度调至最大，然后测定红外光谱的背景谱图，测试结束将样品池取出，倒出 KBr 粉末；③ 样品谱图测试：将制备好的原煤样(80～120 目)和凝胶煤样[在 10 mg SD 原煤样中加入 1 mg 的2.5%CMC 交联体系(2.5%CMC+8%AlCit+1.5% GDL)]放入样品池内，通入 30 mL/min 的空气，然后将吸收光强度调至最大，测定各自的红外光谱谱图。

4.5.2 测试结果及分析

两种煤样的 FTIR 表征结果如图 4-17 所示。

从图 4-17 可见：经凝胶处理煤样与原煤样的红外吸收光谱相比发生了一定的变化，主要区别在以下四个振动区域：① 3 750～3 200 cm^{-1} 的羟基吸收伸缩振动区间；② 3 100～2 800 cm^{-1} 的芳香族和脂肪族 C—H 吸收伸缩振动区间；③ 1 850～1 500 cm^{-1} 的羰基(C ═ O)化合物伸缩振动区间；④ 1 200～1 000 cm^{-1} 醇、酚和醚类 C—O 伸缩振动区间，均表现出较强的吸收峰。而在煤自燃过程中起主要作用是脂肪族 C—H 组分(含甲基和亚甲

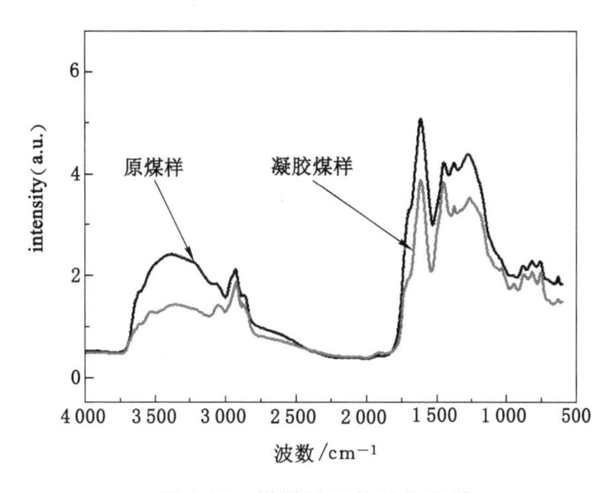

图 4-17 煤样的红外吸收光谱

基官能团)和含 C ═ O 类化合物,下面分析这两类活性组分的变化。

在 3 000～2 800 cm^{-1}脂肪族 C—H 吸收伸缩振动区间包括五个吸收峰[166-168],甲基($—CH_3$)非对称峰(2 956 cm^{-1}处)、亚甲基($—CH_2—$)非对称峰(2 922 cm^{-1})、烷烃 C—H 峰(2 897 cm^{-1})、甲基对称峰(2 867 cm^{-1}处)和亚甲基对称峰(2 851 cm^{-1});而在 1 850～1 500 cm^{-1}羰基(C ═ O)伸缩振动区间包含有芳香族酸酐、酯类、醛类、酸类、醌类、酮类、羧酸根离子以及芳香 C ═ C 振动吸收峰,各官能团位置归属如图 4-18 所示。

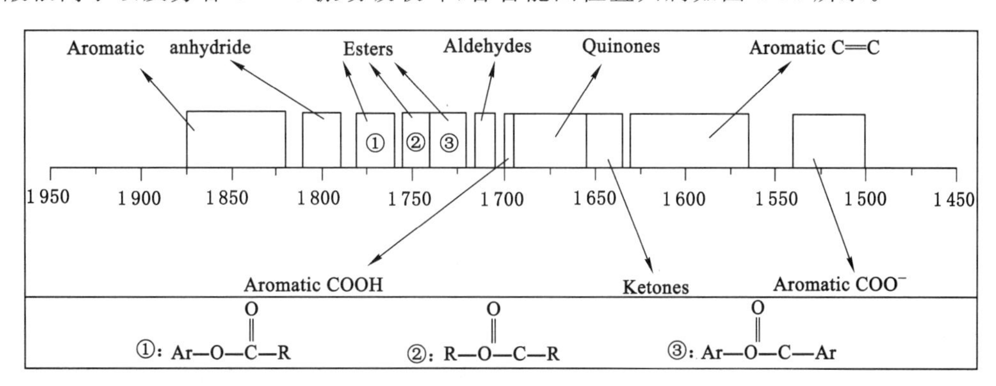

图 4-18 红外谱图的 1 850～1 500 cm^{-1}吸收振动区间各官能团位置归属

利用去卷积和分峰拟合法对原煤样和凝胶处理煤样分别进行分峰拟合,各吸收峰面积如表 4-8 和表 4-9 所示。

表 4-8 煤样 3 000～2 800 cm^{-1}红外吸收振动区各吸收峰面积

煤种	波数/cm^{-1}					总面积/a.u.
	2 851	2 867	2 897	2 922	2 956	
原煤样	12.55	10.35	17.19	38.28	21.79	100.16
凝胶煤样	18.98	15.23	17.01	45.28	25.24	121.74

表 4-9　　煤样 1 850～1 500 cm^{-1} 吸收振动区各吸收峰面积

煤种	酸根离子	芳香 C＝C	芳香酮类	芳香醌类	芳香酸类	芳香醛类	芳香脂类	芳香酸酐	总面积/a.u.
原煤样	230.29	197.17	67.18	72.31	58.86	38.93	80.51	6.67	751.92
凝胶煤样	185.25	175.48	46.39	48.37	43.65	31.02	43.52	5.27	578.95

从表 4-8 和表 4-9 可见，经凝胶处理煤样的脂肪族 C—H 吸收峰面积比原煤样增加了 21.5%，而 C＝O 吸收峰面积同比减少了 23.0%，经凝胶处理后煤样的反应难度增加了，说明凝胶的加入减弱了煤自燃氧化的能力，降低了煤的自燃倾向性。

4.6 本章小结

(1) CMC/AlCit 凝胶在成胶前具有良好的流动性，可在破碎的煤岩体裂隙中流动；并在混合一定时间内发生交联形成凝胶后滞留在煤岩体裂隙和孔隙中，在煤与胶体的接触面上产生机械键合，从而存在强大的结合力，黏结松散煤体，使胶体所在区域形成一个整体。在实验条件下，可承受 138～885 mmH_2O 的气压，具有较强的抗压性能，从而有效减少灌注区域的漏风供氧及有毒有害气体泄漏，实现注凝胶区域的堵漏风，其封堵能力随着装煤高度和胶体浓度的增加而增加。

(2) 凝胶形成的交联网络对其吸附的水分具有较大的束缚力，高温下胶体完全的蒸发时间是水的 1.88～2.54 倍，固水性和热稳定性较好。

(3) 通过程序升温实验研究了凝胶和氯化钙对煤自燃标志气体、交叉点温度和活化能的影响分析，结果表明经凝胶处理的煤样较原煤样的交叉点温度提高了 13.9 ℃以上，反应的活化能增加了 38%以上，同时氧化生成的 CO 气体减少了 34.5%以上，且均比氯化钙高，说明凝胶的加入有效降低了煤自燃过程的反应速度，抑制了煤氧反应进程，且比常用的氯化钙具有更好的阻化性能。

(4) 通过 TG、DSC 和 FTIR 实验，测试了添加 CMC/AlCit 凝胶前后煤体升温氧化时质量、热量以及官能团的变化，对比发现，凝胶的加入减缓了煤样质量的变化、降低了热量的释放、增大了活化能，脂肪族 C—H 官能团增加了 21.5%同时 C＝O 类官能团减少了 23.0%，减弱了煤自燃氧化的能力，降低了煤的自燃倾向性，可有效抑制煤的自燃。

CHAPTER 5

CMC/AlCit 凝胶灭火实验

CMC/AlCit 交联体系在成胶前具有良好的流动性，当其在混合一定时间内发生交联形成凝胶后停止流动，能够堵塞防灭火区域的孔隙，并形成凝胶覆盖层隔绝氧气，同时胶体内固结的大量水分吸热降温，最终实现灭火。

本章通过自行设计制作的小型和中型灭火实验炉，在着火后进行 CMC/AlCit 凝胶的表面喷洒或炉内压注，检测整个过程中炉内温度和气体的变化情况，考察 CMC/AlCit 凝胶的灭火效果，并结合前面的研究成果，总结 CMC/AlCit 凝胶的防灭火机理。

5.1 小型灭火实验

5.1.1 实验装置及方法

采用的实验仪器为改装的烤炉，如图 5-1 所示。

在炉底部留有直径为 20 mm 的泄水孔，从底部开始先装约 100 mm 高直径在 20 mm 左右的碎石，然后装约 50 mm 高直径在 10 mm 左右的河沙，以减少灭火材料的流失；再在沙子的上部 10 mm 处设 100 目的不锈钢网，在网上中部放置破碎的煤体，四周用碎石包裹，碎石可以减少煤体的用量控制火势同时保证炉壁的温度低于 100 ℃，整个燃烧煤体(图 5-2)的体积约 15 L。在沙子和不锈钢网之间的 10 mm 空间内设置供风管路向炉内供风，同时在炉内设置测温热电偶 1 个。

5.1.2 实验结果及分析

在煤体完全燃烧后[实验煤样取自神东补连塔矿(SD)，煤质特征同表 4-1]，30 L 的水和 CMC/AlCit 凝胶分别倒入炉内进行灭火对比实验(凝胶材料的配比为 3.0%CMC+8.0%AlCit+2.0%GDL)。

(1) 注水灭火

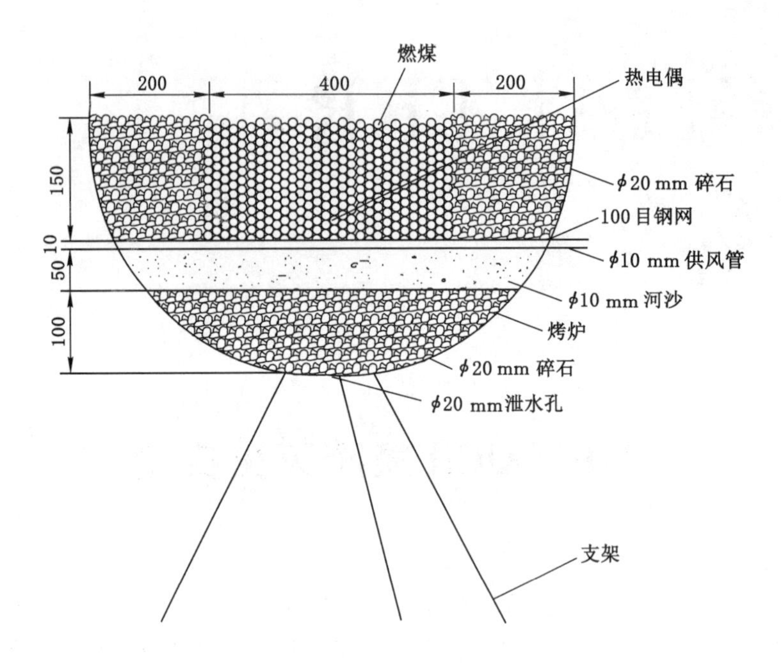

图 5-1　小型灭火实验炉结构示意图

图 5-2　燃烧的煤体

注水灭火的现场如图 5-3 所示，灭火过程中火区温度变化曲线如图 5-4 所示。

(a)

(b)

图 5-3　水灭火现场图

(a) 注水时；(b) 注水后

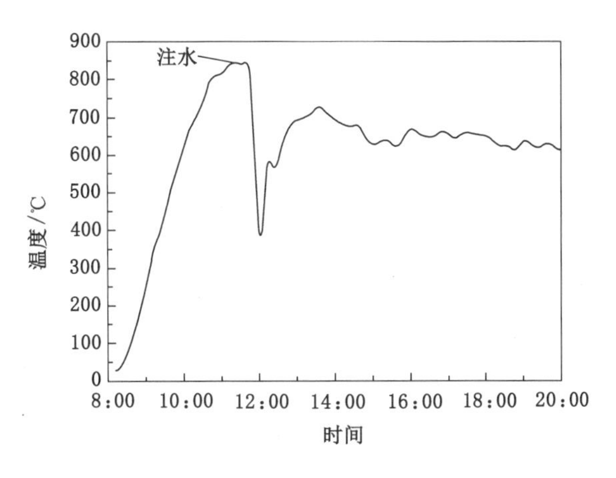

图 5-4 注水前后温度变化曲线

从图 5-3 和图 5-4 可见，用水灭火时，当水与燃烧煤体接触的瞬间立即产生大量的水蒸气，同时注入的水很快从炉底流出，其中还掺杂有沙子。煤体的温度在接触到水后有个快速的下降，从 845 ℃降至 382 ℃；但随着水的完全流失，约 30 min 后煤体的温度重新上升，并一直保持在 600 ℃左右，火源产生了复燃。这是由于在水的冲刷下新的煤体表面又暴露出来，同时水的剧烈蒸发增加了煤的孔隙率，使得漏风通道更为畅通，加之高温下水分解成 H_2、O_2 并参与反应，促进了燃烧的进行，而所用的水量有限和流失严重，有效作用时间短。

(2) 凝胶灭火

注胶灭火的现场如图 5-5 所示，灭火过程中火区温度变化曲线如图 5-6 所示。

图 5-5 注胶灭火现场图

(a) 注胶早期；(b) 注胶中期；(c) 注胶结束；(d) 注胶 1 周后

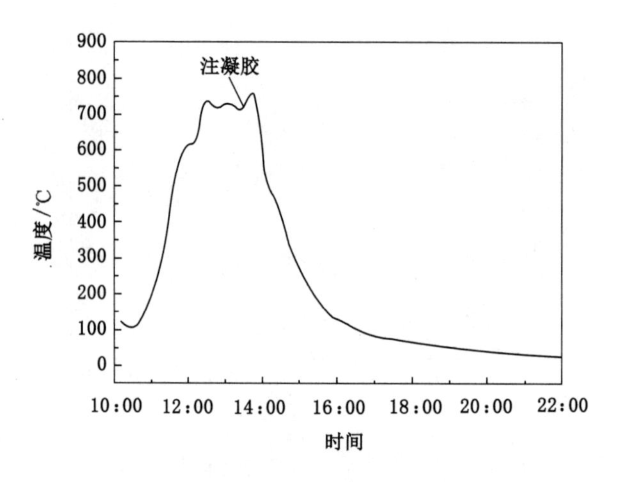

图 5-6　注胶前后温度变化曲线

从图 5-5 和图 5-6 可见，当 CMC/AlCit 交联体系倒入燃烧的煤体后，由于体系黏度较高，在煤块中流动速度较慢，缓慢下渗，在接触火源后也产生少量水蒸气，主要是由于此时交联体系还未完全成胶，温度略有上升；但随着凝胶的形成，在燃煤表面和内部形成覆盖层，水蒸气很快消失，同时在炉体底部基本没有胶体渗出，凝胶滞留在煤体表面和裂隙中。在凝胶封堵、隔氧、吸热、降温的综合作用下，煤温迅速持续降低，2 h 后温度从 700 ℃降至 100 ℃左右，8 h 后基本降至常温，且没有出现反弹，火源基本熄灭。形成的凝胶在 1 周后仍保持胶体的状态，在 4 周后出现一定程度的脱水收缩，但仍具有良好的封堵效果。

从上述实验过程中可见：

(1) CMC/AlCit 凝胶的含水率达到 95%以上，成胶前灭火特性与水基本相同，接触到高温火源会产生部分水蒸气，但随着凝胶的形成，水蒸气消失，说明凝胶中大部分水被凝胶形成的网络所束缚且不易发生反应，具有良好的固水性，减少了水煤气爆炸和伤人的危险，灭火安全性好，但应保证胶体与火源接触时能迅速成胶，以防产生大量爆炸性气体。

(2) 由于凝胶材料黏度较大，在灭火区域流动较差，灭火材料流失少。

(3) CMC/AlCit 交联体系在灭火过程中逐步形成凝胶，且慢慢向四周的火区扩散，在煤体表面和裂隙内形成封堵和覆盖，并能长期保持，火区复燃性低。

(4) 注入的凝胶先降低注胶口附近煤体温度，阻断氧气的扩散和煤的氧化放热，进而降低煤体内部温度，减少火势；随着胶体逐步扩散至四周，作用范围的扩大，灭火范围逐步扩大。因此，只要胶体存在的地方，温度和有毒有害气体快速下降且不反复，灭火彻底。

5.2 中型灭火实验

5.2.1 实验装置

自行设计并加工一个可用于模拟巷道顶板或煤柱中型实验炉，该实验炉主要由炉体、供风系统、测温系统、排烟及气体采集、点火装置、注氮装置等组成，其实物如图5-7所示。

图5-7 中型实验炉

(1) 炉体

炉体为一长方体结构，规格为2 m×1 m×1 m，底部由30 mm×30 mm网格组成，并可通过旋转成水平状态或垂直状态，用于模拟巷道顶板或煤柱。

(2) 供风系统

采用空压机经质量流量计供风，供风量在0～20 L/min内可调。

(3) 测温系统

为实时、全面了解炉内温度变化情况，在炉体一侧共设置温度传感器8个(具体位置如图5-8所示)，并伸入炉内0.5 m，由CSIRO ENERGY FLAGSHIP软件记录温度变化情况。

(4) 排烟及气体采集

燃烧产生的烟气通过排烟口与排烟管(安装排烟防火阀)经大功率抽烟装置排出，并在排烟管上设置取样口由人工采集气样进行色谱分析，主要分析的气体包括H_2、O_2、N_2、CO、CO_2、CH_4、C_2H_6、C_2H_4、C_2H_2共9种气体，同时在现场设置CO便携仪监测环境中CO气体，如图5-9所示。

(5) 点火装置

当装煤到炉体正中心位置时设置点火装置(图5-10)，该装置采用电炉丝发热引燃周围可燃物实现燃烧。

(6) 灭火装置

由于该实验过程存在不可控性，在实验炉一侧底部设置注氮口并与高压氮气瓶相连，并备有灭火毯、水管等，在一定情况下启动灭火。

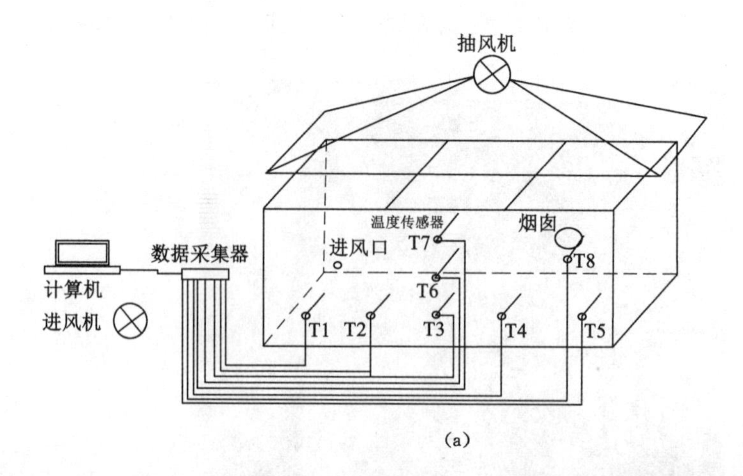

(a)

(b)

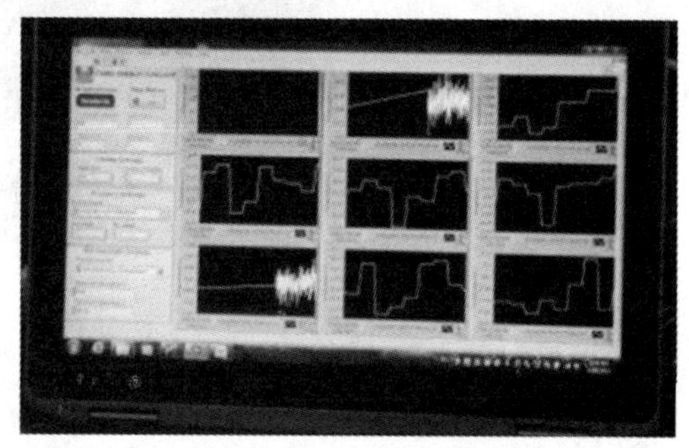

(c)

图 5-8　温度测点布置及采集

(a) 测点结构示意图；(b) 测点现场布置图；(c) 温度采集

(a)

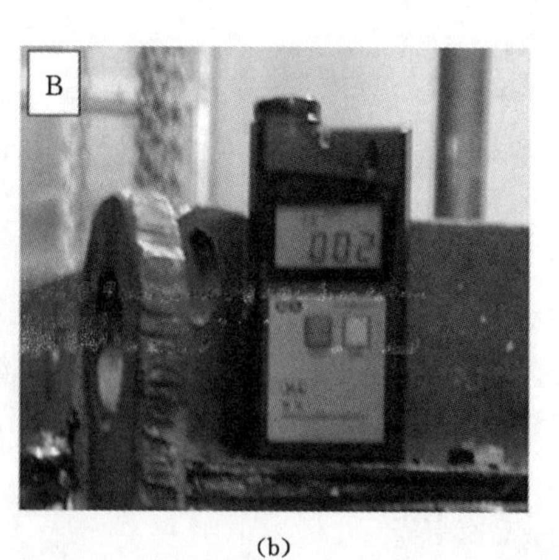

(b)

图 5-9　气体的采集与监测

(a) 人工采集气样；(b) CO 便携仪

图 5-10 点火装置

5.2.2 CMC/AlCit 凝胶制备及喷注系统

5.2.2.1 CMC/AlCit 凝胶制备

(1) 凝胶配比

实验过程中设计采用喷洒和压注凝胶两种不同工艺，其中喷洒主要用于对煤体表面的堵漏，为减少喷洒过程中胶体的滴漏，要求胶体的黏度相对较大、成胶时间相对较短，因此喷洒时凝胶配比采用 3.0%CMC+8%AlCit+2.0%GDL；而压注主要用于煤体内部堵漏降温，为保证胶体在内部裂隙充分扩散，要求胶体的黏度相对较小、成胶时间相对较长，因此压注时凝胶配比采用 2.5%CMC+8%AlCit+1.5%GDL。

(2) CMC 溶液制备

实验过程中 CMC 溶液使用量较大，为保证 CMC 在加入到水中能充分溶化，先在带有搅拌装置的容器内加入一定量水，在开启搅拌装置的情况下，将 CMC 经孔径为 2 mm 的筛子后缓慢均匀地加到水中，并强烈搅拌直至 CMC 在水中均匀分散、没有明显大的团块状存在时停止，之后让 CMC 和水在静置状态下相互渗透、融合，直至 CMC 溶液中没有颗粒状物体，呈均匀一致接近无色透明的状态时即可使用，整个溶解过程约需 10～20 h。

根据初步计算，分别配置 3.0%CMC 溶液 100 L 和 2.5%CMC 溶液 300 L 待用。

(3) CMC/AlCit 凝胶制备

先将 AlCit 按一定比例加入到 CMC 溶液中搅拌约 120 s 后，再按一定比例加入 GDL 并搅拌约 60 s 后立即进行喷洒或压注作业。为保证搅拌均匀，同时防止因作业时间较长引起在容器内发生胶凝，每次不超过 10 L。

2.5%CMC+8%AlCit+1.5%GDL 凝胶配制及在成胶 1 h 后状态如图 5-11 所示。

5.2.2.2 CMC/AlCit 交联体系喷注系统

喷洒时采用 3%CMC 交联体系，成胶时间短、形成的凝胶黏度大，因此选用空压机作为动力，通过自重式喷枪进行喷洒，如图 5-12(a)所示。

压注时采用 2.5%CMC 交联体系，体系黏度也较大，选用可输送高黏度介质的 G20 型螺杆泵并与自制的穿孔管相连进行压注。穿孔管采用 1 in(1 in=2.54 cm)钢管，长约 1 200 mm，一端加工成尖形，另一端与注胶管相连，并在离尖端约 100 mm 处钻 3 个 ϕ16 mm 的孔，成 120°布置，如图 5-12(b)所示。

(a)

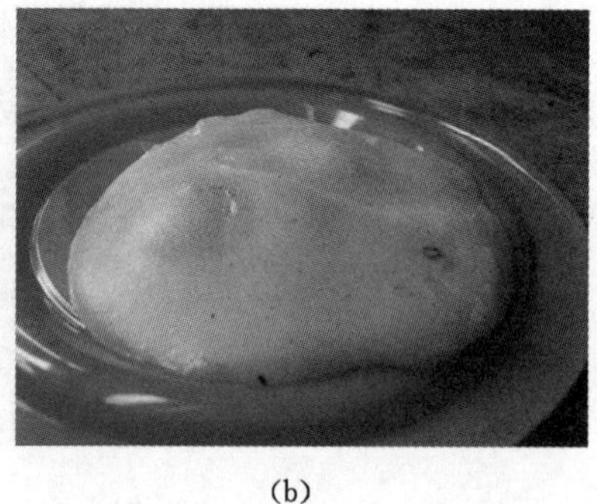

(b)

图 5-11　CMC/AlCit 凝胶配制

(a) 胶体配制；(b) 1 h 后形成的胶体

(a)

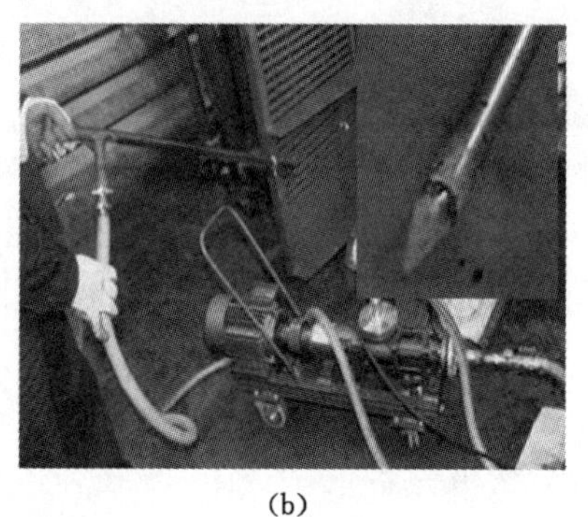

(b)

图 5-12　喷注设备

(a) 自重式喷枪；(b) 螺杆泵及穿孔管

5.2.3　实验煤样及条件

实验煤样取自神东补连塔矿(SD)(煤质特征同表 4-1)，运至实验室后人工破碎，煤样粒度筛分结果如表 5-1 所示，供风量为 10 L/min。

表 5-1　　煤样粒度筛分结果

粒度/mm	＋80	－80，＋50	－50，＋20	－20
频度/%	28.3	23.5	29.3	19.9

注：表中"＋"表示未通过该筛，"－"表示通过该筛。

利用该实验炉共进行 3 次试验，项目如表 5-2 所示。

表 5-2　　试验项目

序号	测试项目	凝胶的使用
1	空白试验	无
2	模拟巷道顶板	注
3	模拟巷道煤柱	喷＋注

5.2.4　空白实验

本实验用于模拟巷道顶板，主要考察煤样点火后在没有实施任何防灭火措施时炉体温度、气体变化情况，并在一定时间后采取措施灭火。

由于该实验炉比较重，出于安全考虑，炉体提升离地面约600 mm后固定，实验示意图如图5-13所示。

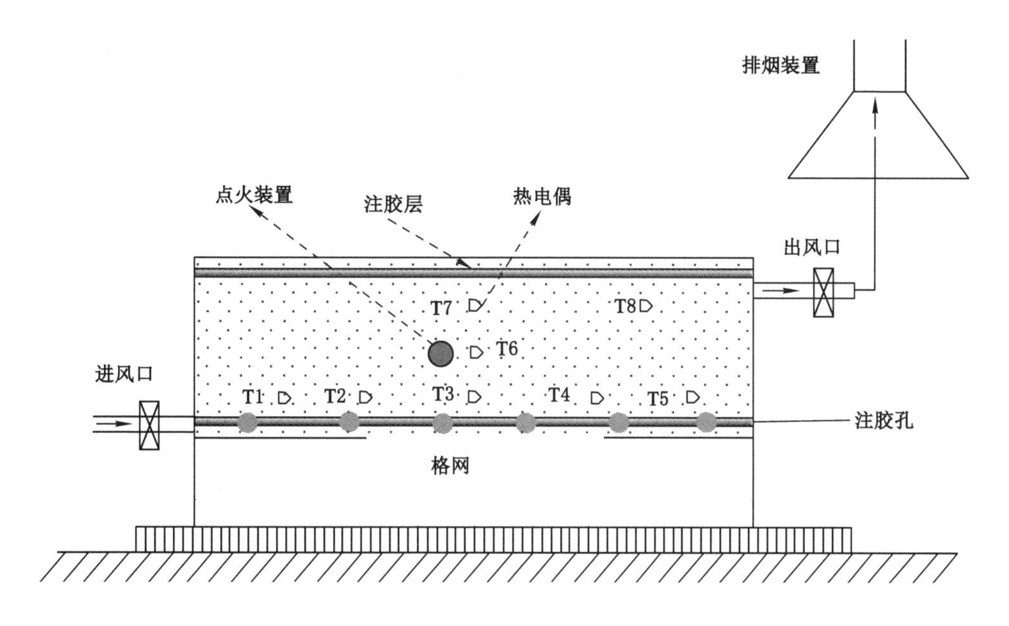

图5-13　空白实验示意图

5.2.4.1　实验步骤

(1) 将实验炉横放模拟巷道顶板。

(2) 撤除实验炉上方3块可活动的盖板，煤样经此装入。

(3) 当煤填装至实验炉内高0.20 m处时放置底部测温热电偶5个(T1、T2、T3、T4、T5)，继续装煤。

(4) 当煤填装至实验炉内高0.50 m处时放置点火装置和测温热电偶1个(T6)后继续装煤；此时炉体内温度测点布置如图5-14所示。

(5) 当煤填装至实验炉内高0.80 m处时放置温度传感器2个(T7和T8)后继续装煤，直至装至0.90 m处。

(6) 检查各处的连接完好后，启动点火装置和供风系统(供风量约10 L/min)，使煤燃烧并记录温度和采集气样。

(7) 采用便携式CO检测仪对炉壁进行巡回检测，对出现CO泄漏点用密封胶进行封堵。

(8) 当任一热电偶的读数达到500 ℃及以上时停止供风，观察、记录和分析炉体温度和气体的变化情况。

(9) 如果停止供风后，温度持续上升，需采取一定的灭火措施以保证安全。

图 5-14　装煤过程中温度测点布置

(10) 当所有热电偶温度降到 50 ℃以下后，实验结束。

5.2.4.2　实验结果及分析

实验过程中 T6 的温度变化如图 5-15 所示，该点处于炉体中心，与火源点重合，其温度的变化可表征火源的状态。

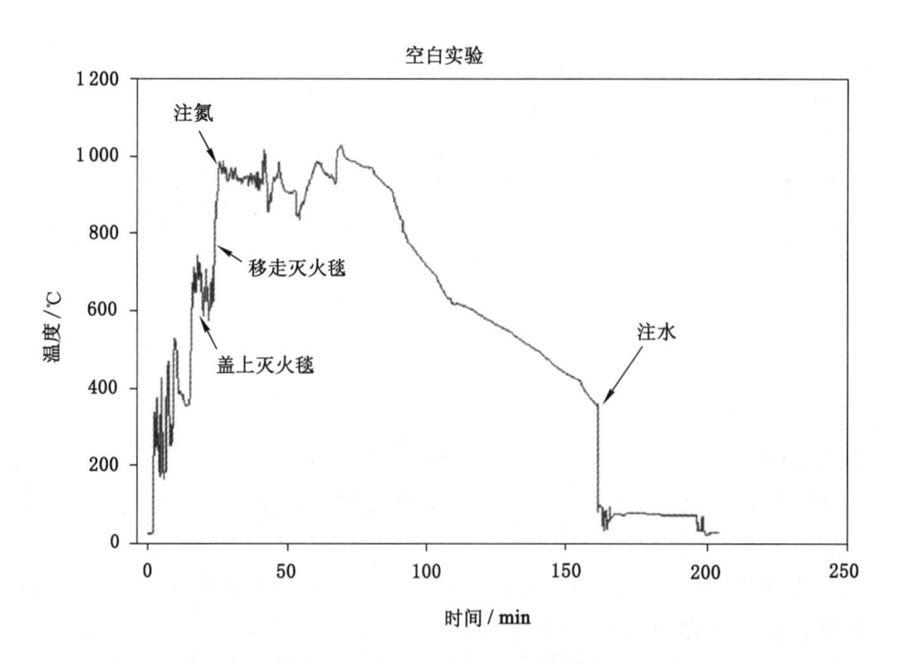

图 5-15　T6 测点温度变化曲线

点火后 T6 温度在不到 10 min 内达到 500 ℃，然后停止供风，火源温度持续上升，这是由于炉体空气存在从下往上的自然对流，当在采用灭火毯对炉体上部进行覆盖后，自然对流减弱，火势有所下降，但在拿走灭火毯后，火源温度迅速上升至 1 000 ℃左右，说明即使在没有正常通风条件下，仅依靠着火后风流形成的自然对流和扩散，火源仍能一直维持。因此，要想完全灭火还需采取综合措施，为防止火源的进一步扩大，此后采用了注氮和注水措施后，慢慢熄灭了火源。在注氮初期前 50 min 降温的效果不太明显，但随着注氮的持续，炉体内氮气浓度的逐渐升高，氧气浓度的逐渐降低，T6 的温度开始逐渐下降，经过大约 100 min

从 1 000 ℃左右降至 400 ℃左右,说明注氮惰化效果较好,但要求足够的注氮量和置换时间;当温度降到 400 ℃以下后,对炉体实施注水灭火,炉温立刻下降至 50 ℃左右,并慢慢冷却至室温。

5.2.5 巷道顶板自燃注胶灭火模拟实验

实验炉放置同空白实验,由于无法在炉体底部进行喷注作业,因此在距炉体底部 180 mm 处均匀布置了 6 个注胶孔。煤体燃烧后,通过上部和底部注胶形成的隔离带实现隔绝灭火。

5.2.5.1 实验步骤

前面同空白实验,当任一热电偶的读数达到 600 ℃以上时停止供风,并先后对炉体上部和底部注入 2.5%CMC+8%AlCit+1.5%GDL 的凝胶,当所有热电偶温度降到 50 ℃以下后,实验结束。

5.2.5.2 实验结果及分析

在点火后,炉体温度开始上升,在炉体上部冒出大量烟气(图 5-16),当 T6 温度达到 700 ℃时,90 L 的 2.5%CMC 的凝胶注入炉体顶部,在局部胶体未覆盖区仍有烟气泄露,如图 5-17(a)所示;当所有胶体喷注完并形成了约 50 mm 厚度的胶体覆盖层,顶部烟气全部消失,如图 5-17(b)所示;然后通过炉体底部的 6 个注胶孔对炉体底部进行注胶,共注入 2.5% CMC 的交联体系约 120 L,其中约 30 L 胶体通过底部栅格流失,漏失量约为 25%。

图 5-16 炉体上部烟气

实验结束后,从炉体上部开始逐层卸煤,在底部注胶区域形成的胶体如图 5-18 所示,胶体能够形成连续分布,但厚度存在不均匀,距离注胶口位置越近厚度越大。实验过程中温度和气体的变化分析如下。

(1) 温度变化情况

整个实验过程中,各测点温度变化情况如图 5-19 所示。

从图 5-19 可见,火源点 T6 的温度上升很快,并在约 90 min 后升至 600 ℃,但其他测点的温度变化不明显,说明煤的导热性能较差,在一定时间内火势发展迅猛但范围扩展较小。此时停止了向炉内供风,炉内温度同空白实验一样,在空气的对流和扩散作用下,炉内温度继续上升,此时实施注胶灭火。在顶部实施注胶工程后,T6 点温度先有小幅上升至 900 ℃

(a)

(b)

图 5-17　顶部注胶

(a) 成胶前;(b) 成胶后

图 5-18　底部注胶区凝胶分布

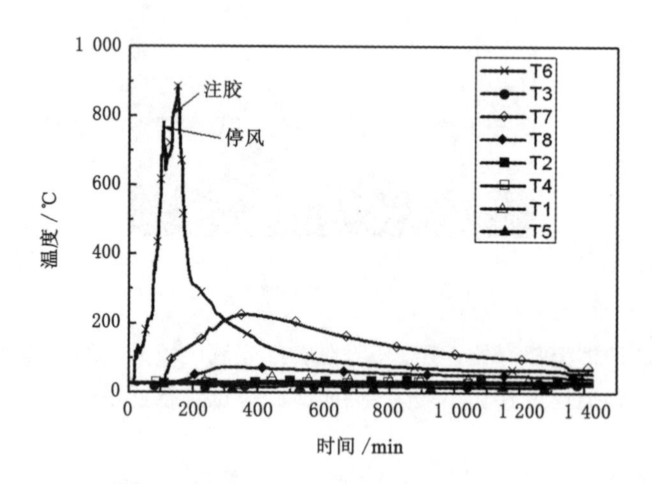

图 5-19　巷道顶板模拟实验过程中温度的变化情况

左右,主要是由于炉体底部仍存在氧气的扩散,以及炉内积存的氧气参与反应,但随着底部注胶完成,炉内积存的氧气也慢慢消耗完,T6 温度在 30 min 内从 900 ℃急剧下降至 300 ℃,随后缓慢下降,经过约 900 min 温度降至常温,火源慢慢窒熄,说明形成的凝胶基本封堵了漏风通道。

在实验过程中，除 T6 温度变化大，T7 和 T8 的温度比其他测点变化明显。其中 T7 位于火源的上方约 0.3 m 处，最高温度达到 225 ℃，而在火源正下方同样距离的 T3 的最高温度只有 30 ℃；T8 位于烟囱附近，最高温度达到 73 ℃，此时红外热成像的结果如图 5-20 所示，说明着火后在火风压作用下火势向上发展趋势明显，且通过热对流和热辐射逐渐加热下风侧煤样，使其温度上升并继续生成大量挥发性烟气，扩大了火源的范围，风流中氧气浓度较低，形成富燃料燃烧。

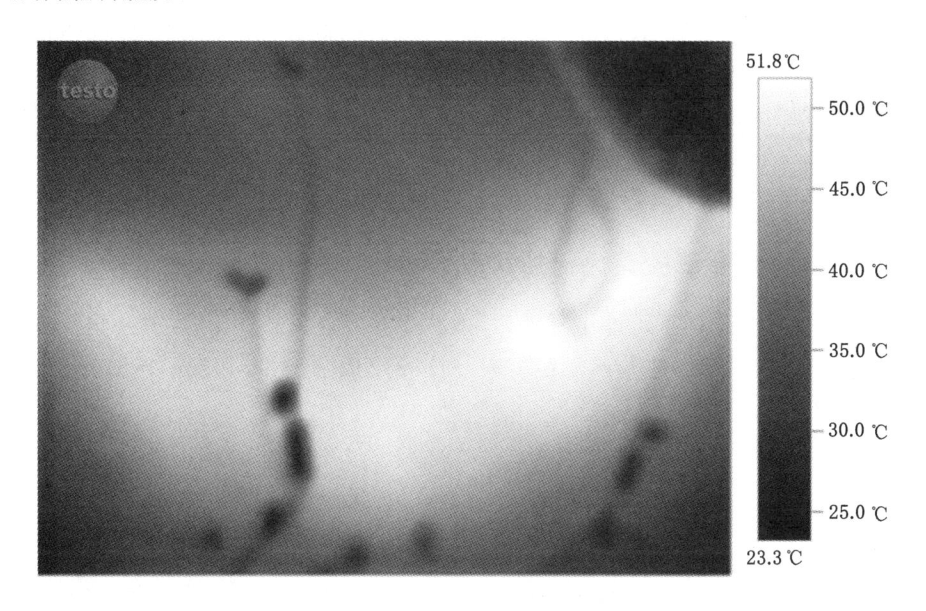

图 5-20 红外热成像图(T8)

(2) 气体变化情况

整个实验过程中，O_2、CO 和 H_2 气体的变化情况如图 5-21 所示。

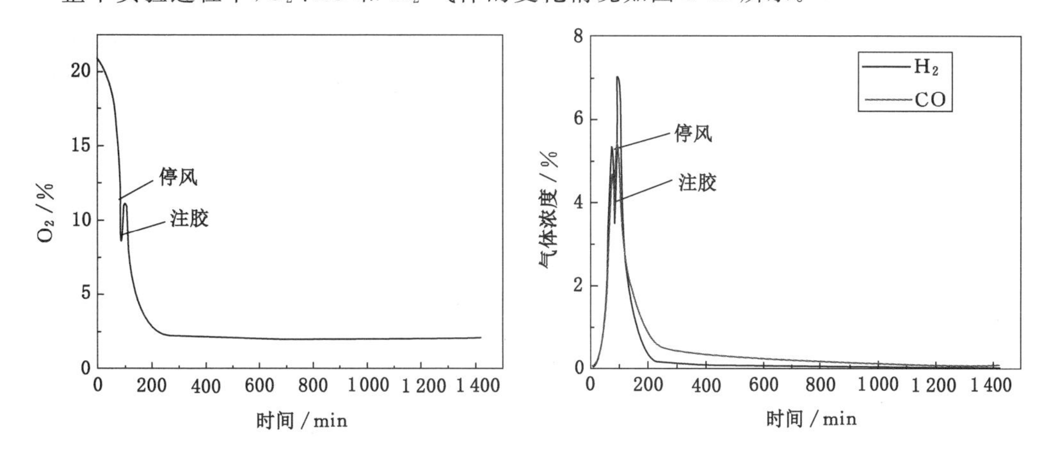

图 5-21 巷道顶板灭火模拟实验过程中气体的变化情况

在点火后，随着温度的升高、火势的增大，耗氧速率增大和烟气中其他气体的产生，O_2

浓度逐渐下降，在停止供风后，O_2 浓度降至 8.123 5%，此时实施了炉体顶底部注凝胶，O_2 浓度先小幅上升至 10.67%然后急剧下降，并最终稳定在 3%以下。O_2 浓度的变化可能是由于在实施注胶封堵后，随着火源处 O_2 浓度降低，炉体其他地点的 O_2 扩散至火源，使得 O_2 浓度有所上升，但随着炉内积存的氧气的消耗和注入的胶体成胶切断氧气供给，炉体 O_2 很快下降至 3%以下。

在点火后就开始出现 CO 和 H_2，CO 和 H_2 的变化趋势基本相同，并与煤体温度的变化基本一致，即在点火后开始增大，停风开始减少；注胶开始时由于交联体系中部分未交联溶液中水与炽热煤体反应产生大量的 CO 和 H_2，造成气体的反弹；但随着凝胶的形成，O_2 浓度的急剧下降，CO 和 H_2 开始迅速下降。在整个过程中，H_2 在升温阶段的生成量要大于 CO，当煤温达到 766.25 ℃时，CO 的浓度为 5.25%，H_2 的浓度上升至 7.15%，而在降温阶段 H_2 的浓度要小于 CO，这与窑坪矿灭火现场火灾气体变化规律相吻合[169]。当 H_2 的浓度比 CO 浓度越来越大时，说明火势越来越大，反之，则为下降趋势。

5.2.6 煤柱自燃注胶灭火模拟实验

煤柱在长期矿压作用下可能压酥破碎，当在适宜的通风条件下，在其一定深度形成自燃火源，可先通过对煤柱表面进行喷洒结合内部注胶形成隔离带，达到隔绝灭火的目的，实验模拟如图 5-22 所示。

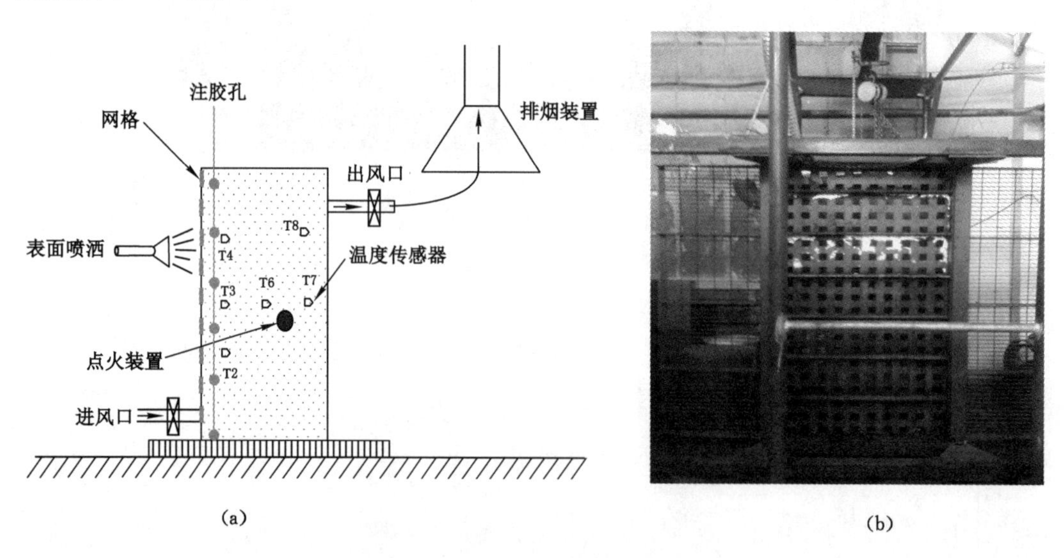

图 5-22 煤柱注胶灭火模拟实验

(a) 结构示意图；(b) 现场模拟状态

5.2.6.1 实验步骤

(1) 将实验炉竖放模拟煤柱，并安装侧面的盖板，打开顶部的盖板，煤样经此装入。

(2) 当煤填装至实验炉内高 0.70 m 处时放置热电偶 T2；至 1.0 m 处时放置点火装置和测温热电偶 T3、T6、T7；当至 1.60 m 处时放置热电偶 T4 和 T8，直至装至 1.90 m 处，盖好上部盖板。

(3) 检查各处的连接完好后，启动点火装置和供风系统(供风量约 10 L/min)，使煤燃烧并记录温度和采集气样。

(4) 采用便携式 CO 检测仪对炉壁进行巡回检测，对出现 CO 泄漏点用密封胶进行封堵。

(5) 当任一热电偶的读数达到 600 ℃及以上时停止供风，并先对网格板实施喷洒 3% CMC 的凝胶，再通过注胶孔注入 2.5%CMC 的凝胶。

(6) 整个实验过程中及时观察、分析炉体温度和气体变化情况，当所有热电偶温度降到 50 ℃以下，实验结束。

5.2.6.2 实验结果及分析

实验时先进行高浓度 CMC/AlCit 凝胶的表面喷洒，一方面可以减少向破碎煤体的漏风供氧，另一方面可有效减少炉内有毒有害气体的向外泄漏，为接下来的胶体压注提供较好的工作环境。

由于 3%CMC 交联体系的成胶时间很短，为了防止在配胶过程中就发生胶凝作用，同时为了减少表面喷洒后胶体的流挂，因此在施工时小剂量分批实施(每次不多于 5 L)，且对一个地点多次重复喷洒(不少于 3 次)，共对网格板喷洒凝胶 20 L，如图 5-23(a)所示。

在实施表面喷洒后可大量减少炉体的漏风供氧，但由于表面喷洒形成的覆盖层比较薄，不能够长时间的稳定存在，因此，50 L 的 2.5%CMC 交联体系通过 6 个注胶孔注入煤体内部裂隙，每孔注入量约 10 L，如图 5-23(b)所示，对煤壁后部进行加固，形成凝胶隔离带。

(a)

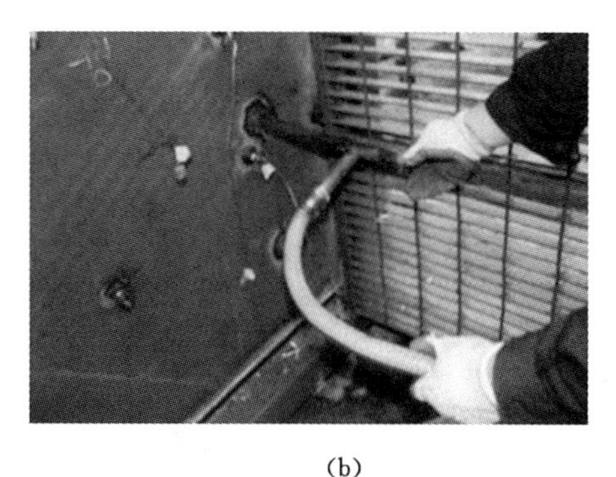

(b)

图 5-23 胶体喷洒与压注

(a) 表面喷洒；(b) 壁后压注

(1) 温度变化情况

实验过程中温度的变化情况如图 5-24 所示。

从图 5-24 可见，与顶板模拟实验不同，T7、T8 与 T6 在点火后变化趋势相同，均在点火后温度急剧上升，其中 T6 在 50 min 左右就达到 600 ℃，此时利用 TESTO 红外热成像仪对炉体温度进行测定，测定结果如图 5-25 所示。

从图 5-25 可见，炉体内形成两个高温区，一个位于原生点火处(T6 和 T7 中间)，另一个位于火源点的上方靠出风口位置(T8)，在热风压和高温烟气的共同作用下，T8 处形成次生火源，因此在自燃火灾发生后火源点有时不止一个。由于红外测定的是物体表面温

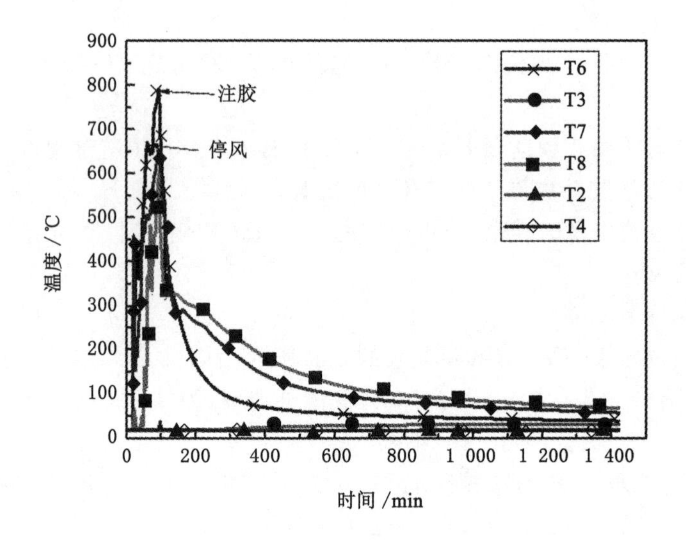

图 5-24　煤柱模拟实验过程中温度的变化情况

度，结合图 5-24 和图 5-25 可见，当火源温度达到 600 ℃时，距火源仅 0.5 m 的炉体表面温度只有 50 ℃，而自燃一般发生在采空区、顶板或煤柱的一定深处，当自燃点温度在 200 ℃以下时，虽然产生了大量的火灾气体，但煤体表面温度没有明显的变化，给火源的判定带来了困难。

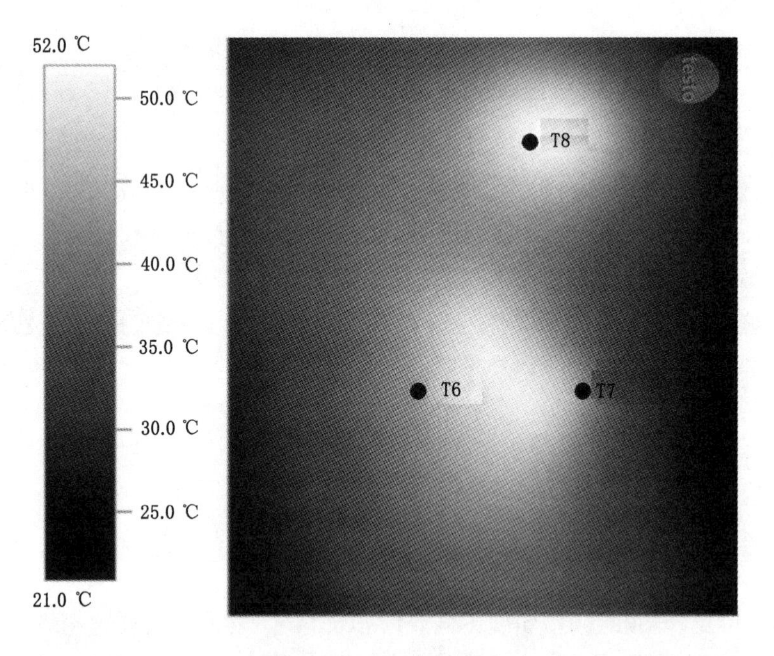

图 5-25　红外热成像图

在停止向炉内供风后，炉内温度同空白实验一样，在空气的对流和扩散作用下，在短暂下降后继续上升，此时实施表面喷洒和炉壁后部注胶灭火。在实施注胶后，炉内温度先有所上升至 780 ℃后开始急剧下降，且没有出现反复的现象，其中 T6 的温度下降最快，而 T7 和 T8 的温度下降较为缓慢，在注胶后 40 min，T6 的温度已低于 T7 和 T8，说明中心火源的位置已从 T6 发展至 T7 和 T8 之间，因此，在实际灭火过程中还需注意火源可能会发生迁移。

(2) 气体变化情况

整个实验过程中，O_2、CO 和 H_2 气体的变化情况如图 5-26 所示。

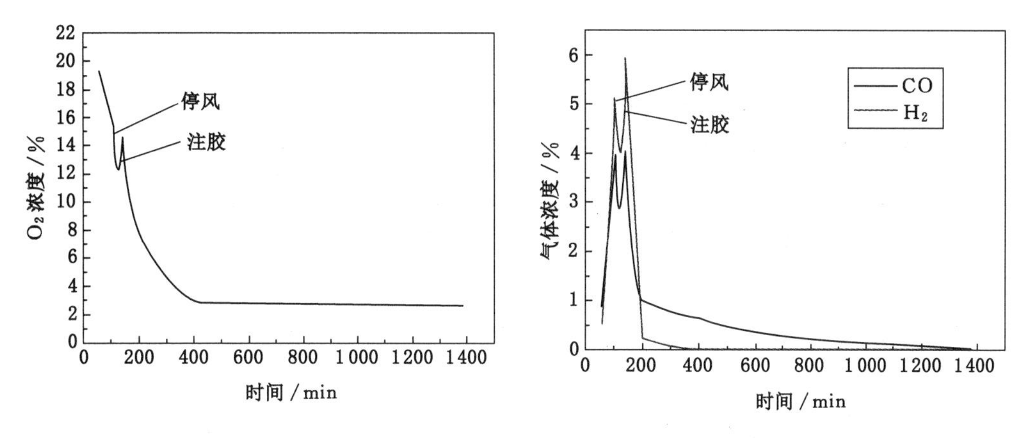

图 5-26 煤柱灭火模拟实验过程中气体的变化情况

从图 5-26 可见，在点火后，随着温度的升高、火势的增大，耗氧速率增大和烟气中其他气体的产生，O_2 浓度逐渐下降，在停止供风后，O_2 浓度继续下降，此时实施了炉体表面的喷洒，O_2 浓度先小幅上升至 14.5%然后急剧下降，并最终稳定在 3%以下。O_2 浓度的变化可能是由于在喷洒作业用的空压机高压冲击下，部分空气会进入到炉体内部，使得 O_2 浓度有所上升，但在凝胶完全覆盖暴露的煤体表面后，基本切断了炉体供氧，炉内 O_2 很快下降至 3%以下。

在点火过程中开始出现 CO 和 H_2，CO 和 H_2 的变化趋势基本相同，并与顶板模拟实验变化基本一致，即在点火后开始增大，停风开始减少，注胶开始时同样由于空压机的作用，部分空气被带入到炉体内，造成气体的反弹，但随着煤体暴露面的基本被封堵，CO 和 H_2 在注凝胶后的前 20 min 内急剧下降，分别从 4% 和 6% 降至 2%，此后成逐渐下降趋势，并在 1 000 min 后降至 0.05%。

5.3 CMC/AlCit 凝胶的防灭火机理

综合以上 CMC/AlCit 凝胶封堵性能实验、黏结性能测试、阻化性能测试以及小型和中型灭火实验结果，CMC/AlCit 凝胶对煤层自燃有着良好的防治效果，其防灭火机理主要表现在以下几个方面：

(1) 包裹煤体，减少煤的暴露面

交联体系在成胶前为液体，线性高分子材料具有良好的亲水性，在与煤体接触后表面自由焓 ΔG 降低[变化如式(5-1)所示]，并向外做功 W_2[变化如式(5-2)所示]，能够润湿煤体表面，使得煤与胶体有相对牢固的接触面，同时线性大分子具有良好的成膜性，在胶体流经的煤体表面形成一层液膜，将煤体分隔成不连续的小块，隔绝煤与氧的接触，减少煤对氧气的物理吸附[170]，很好地防止水分的蒸发和隔绝煤体与空气的接触，从而降低了煤的氧化放热速率。

$$\Delta G=\sigma_{液-固}-\sigma_{气-固}-\sigma_{气-液} \tag{5-1}$$

$$W_{\alpha}=\sigma_{气-固}-\sigma_{气-液}-\sigma_{液-固} \tag{5-2}$$

式中 σ——表面张力。

(2) 堵塞漏风通道，降低氧浓度

煤自燃一般发生于松散煤体内部的一定深度范围，具有大量的孔隙和裂隙，凝胶在成胶前具有良好的流动性，在泵压和自重作用下在松散煤体裂隙和孔隙中流动，由于胶体属假塑性流体，具有剪切变稀，随着胶凝反应和流速的减慢，流动阻力变大，逐渐形成凝胶后停止流动，充填煤岩体裂隙和孔隙，并在煤与胶体的接触面上产生机械键合，从而存在强大的结合力，使胶体所在区域形成一个整体(可承受 138～885 mmH_2O 的气压)，同时其具有良好的触变性和黏弹性，在外力作用下能自我修复，从而使得氧分子无法渗透到煤体内部，以堵塞漏风通道，阻止煤氧接触。

(3) 惰化煤体表面活性结构，降低反应速率

通过实验表明，添加了凝胶的煤样较原煤样的交叉点温度、表观活化能均增大，同时标志气体生成量以及反应的热量有所减少，说明凝胶的加入有效降低了煤自燃过程的反应速度，阻碍了煤自燃的发生。

煤自燃自由基链锁理论认为，在煤自燃过程中，煤的表面产生自由基活性中心，并引发更多的活性中心参与反应生成热量，促进煤的自燃。煤中自由基一般发生在脂肪结构中，由引发的链锁反应过程表示如下：

$$HO\cdot + RH \longrightarrow R + H_2O \tag{5-3}$$

$$R\cdot + O_2 \longrightarrow ROO\cdot \tag{5-4}$$

$$ROO\cdot \longrightarrow R'-\overset{\overset{\displaystyle O}{\|}}{C}-H + HO\cdot \tag{5-5}$$

$$R'-\overset{\overset{\displaystyle O}{\|}}{C}-H \longrightarrow RH + CO + H_2 \tag{5-6}$$

式中 R——煤中烷基；

R′——R 失去一个碳原子的结构。

在煤中加入 CMC/AlCit 凝胶后，胶体中某些结构具有亲电性，能够与煤表面可提供电子的活性结构发生化学吸附而形成络合物，使得煤表面活性结构失去活性，减少煤氧化学吸附和化学反应；同时胶体中含有的部分基团能与氧化生成的自由基中和，抑制了这些自由基参与反应的能力，并生成稳定的链环，添加凝胶的煤样与原煤样相比 C＝O 官能团显著减少，而脂肪族 C—H 官能团显著增加，从而提高了煤与氧气复合的活化能，增加了煤分子的稳定性，降低了整个自燃过程的氧化反应速率。

(4) 吸收热量，降低煤体温度

凝胶材料 90%以上是水，在升温过程中水能吸收大量的热量，使得在低温时煤体温度

难以上升，在高温时可有效降低火区温度；同时凝胶材料中水受到三维网络的固定作用，在高温下失水速度较慢(是水完全蒸发时间的 2 倍左右)，加之凝胶导热系数很小，传热速度很慢，在吸收热量后表面发生脱水，但内部温度很难升高，在封堵和吸热的共同作用下，使高温煤体温度整体下降，最终熄灭火区；同时凝胶中的水由于失去流动性，在喷注区域停留时间长，可用于扑灭巷道和工作面顶部高位火源。

5.4 本章小结

本章通过自行研制的小型和中型灭火实验装置，在着火后通过 CMC/AlCit 凝胶的喷洒或压注进行灭火，考察其灭火效果，得出以下主要结论：

(1) 小型灭火实验结果表明：CMC/AlCit 交联体系在成胶前具有一定的流动性，与高温火源接触时部分未成胶的混合液会产生水蒸气，但相对量很小，安全性好；随着灭火过程中体系逐步形成胶体，在燃煤表面和内部形成覆盖层，材料漏失量较少，经济性好，可用于扑灭高位火源；同时形成的胶体稳定性好，在 1 周后仍保持良好的胶体状态。

(2) 通过自制的装煤量达 2 m^3 的中型灭火装置分别模拟了巷道顶板和煤柱两种不同条件下注凝胶灭火实验，结果表明：在实施注胶后火区温度在 30 min 内从 900 ℃降至 300 ℃后缓慢下降，且未出现反复，在 900 min 后降至常温；炉内 O_2 在注胶 200 min 左右急剧下降至 5%并最终稳定在 3%以下，同时生成的 CO 和 H_2 在胶体接触火源瞬间有所上升至 6%～7%后在 20 min 内急剧下降至 2%左右，并在 1 000 min 后降至 0.05%以下。

(3) CMC/AlCit 凝胶通过润湿包裹，形成液膜隔氧；产生机械键合，堵塞漏风通道，降低氧气浓度；惰化煤体表面活性结构，降低反应速率；固结大量水分、吸热降温等几方面实现综合防灭火。具体表现为：凝胶先降低注胶口附近煤体温度，阻断氧气的扩散和煤的氧化放热，进而降低煤体内部温度，减少火势；随着胶体逐步扩散至四周，作用范围的扩大，灭火范围逐步扩大。因此，只要有胶体存在的地方，温度和有毒有害气体快速下降且不反复，灭火彻底。

CHAPTER 6

CMC/AlCit 凝胶防灭火技术的工程应用

根据前面综合研究和分析，选择合适的 CMC/AlCit 凝胶配比控制成胶时间后，采取针对性的防灭火方案是保证 CMC/AlCit 凝胶防灭火有效性的关键。本章通过制定 CMC/AlCit 凝胶灭火现场操作方案的基础上，在南峰煤业 9103 工作面灭火现场进行应用，检验该凝胶的实际防灭火效果。

6.1 CMC/AlCit 凝胶防灭火现场操作方案

由于现场操作环境的复杂性，在实验室积累相关经验的基础上，为保证 CMC/AlCit 凝胶在防灭火现场的顺利实施，特别是煤矿容易发生自燃的地点，制定相应的操作方案以供参考。

6.1.1 CMC/AlCit 凝胶材料的准备

由于 CMC 的质量受到分子量、水解度、纯度等各种因素的影响，原料本身存在一定的差异，加之现场水源中离子含量的变化，同样的配比会导致凝胶的成胶时间发生较大变化，因此，在使用前应先进行小剂量的预实验，根据凝胶的成胶时间以确定凝胶的配比，其基本步骤如下：

(1) 称取一定量的 CMC 样品；

(2) 进行水的总硬度测试，当总硬度低于 1 000 ppm 时可直接溶解 CMC 样品(当总硬度高于 1 000 ppm 时用一定量碳酸钠去除离子，直至总硬度低于 1 000 ppm)，配制成一定浓度的 CMC 溶液；

(3) 按一定比例称取 AlCit 和 GDL 与 CMC 溶液混合并强力搅拌约 30 s；

(4) 采用“漏斗滴漏计时法”测定凝胶成胶时间；

(5) 当凝胶成胶时间满足要求时，即可按此比例进行大规模配制，否则改变 CMC 的浓度或 AlCit 和 GDL 的比例，直至凝胶成胶时间满足要求。

根据目前国内外凝胶防灭火的实践，控制一个火区一般需要 100～1 000 m^3 凝胶，因此，实施凝胶防灭火时一般至少需要提前准备 2 t 的 CMC、800 kg 聚合氯化铝、600 kg 的柠檬酸和 1 200 kg 的 GDL。

其制备工艺如图 6-1 所示。

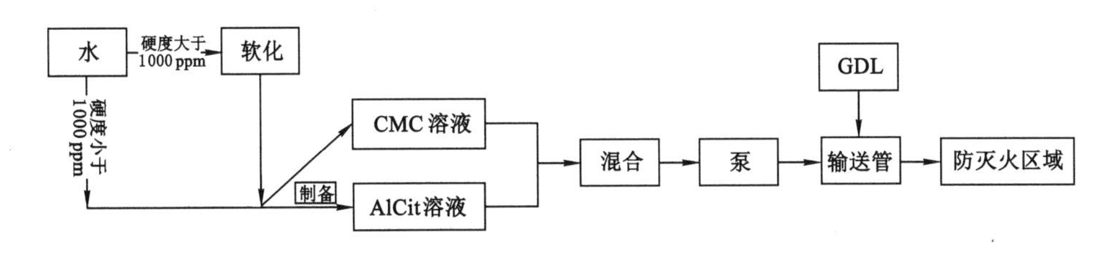

图 6-1 CMC/AlCit 凝胶制备工艺

6.1.2 CMC/AlCit 凝胶防灭火工艺

煤自燃的发生和发展必须具备特定的条件，同时又有偶然性，但还是具有一定的规律，根据煤自燃的条件及事故统计，煤自燃主要危险区域是巷道高冒区、煤柱破坏区和采空区(特别是工作面始采线、终采线、上下煤柱线和三角点)[171,172]，针对这些易自燃地点，采用 CMC/AlCit 凝胶防灭火时基本操作步骤如下：

(1) 根据现场测定的温度和气体变化情况，确定火源的位置和范围，估算注凝胶用量并准备好材料。

(2) 如果火区生成的有毒有害气体量比较少，作业地点满足安全条件下，直接实施钻孔注胶，否则先使用黏度高、成胶时间短的 CMC/AlCit 交联体系对火区暴露表面进行喷洒，以减少向火区的漏风供氧，同时减少火区内有毒有害气体的释放，为进一步灭火工作提供良好的工作环境并争取时间。

(3) 施工注胶用钻孔，钻孔的直径为 38 mm 或 50 mm，倾角为 30°～45°，终孔的位置应尽可能接近火区的上部。

(4) 在施工完钻孔后立即下套管，以防止塌孔。下套管时先下一段花管，再下套管，下完套管后立即用丝堵进行封堵，并用快速水泥进行封孔。

(5) 通过套管注入低黏度、成胶时间长的 CMC/AlCit 交联体系，为减少胶体的下渗，保证其在火源范围内成胶，在注胶时应采用多轮间隔式，即每个孔注入约 5 m^3 后换另一个孔，如此循环直至温度或气体恢复至正常情况。

(6) 为防止因高位注胶堵塞低位孔，应先注终孔位置较低的钻孔，后注位置高的钻孔。

(7) 在注胶过程中，及时检查各孔注胶情况，当出现压力突然增大或返胶时，及时停止，分析情况。

(8) 施工完毕后，用清水冲洗注胶管路，并记好台账。

整个工艺流程如图 6-2 所示。

不同地点下注胶灭火示意图如图 6-3～图 6-6 所示。

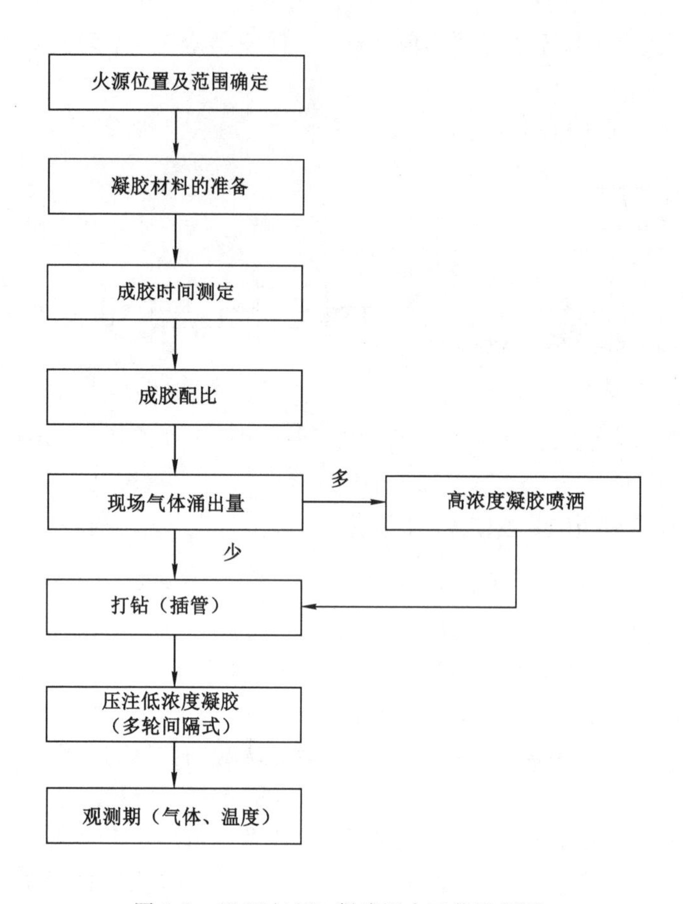

图 6-2　CMC/AlCit 凝胶灭火工艺流程图

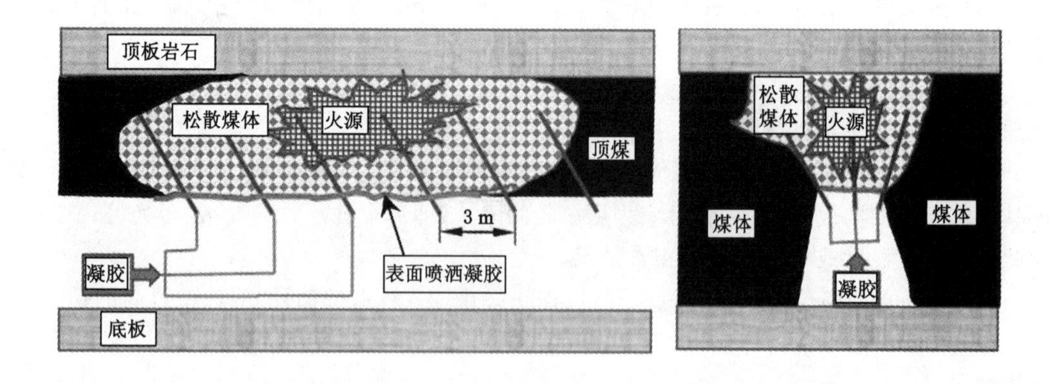

图 6-3　煤层顶板注胶灭火示意图

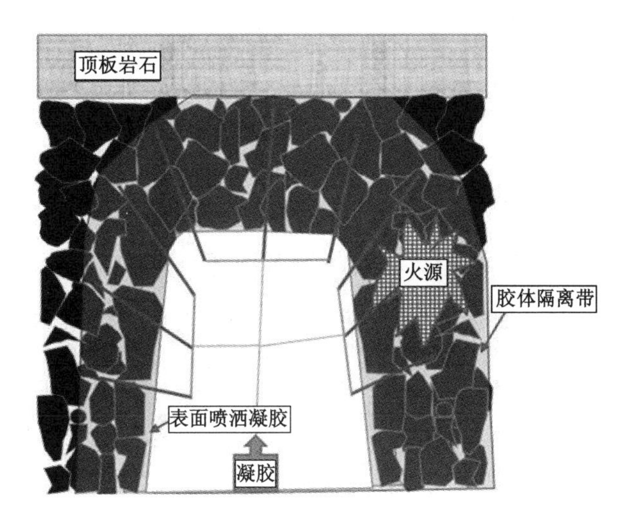

图 6-4　煤柱注胶灭火示意图

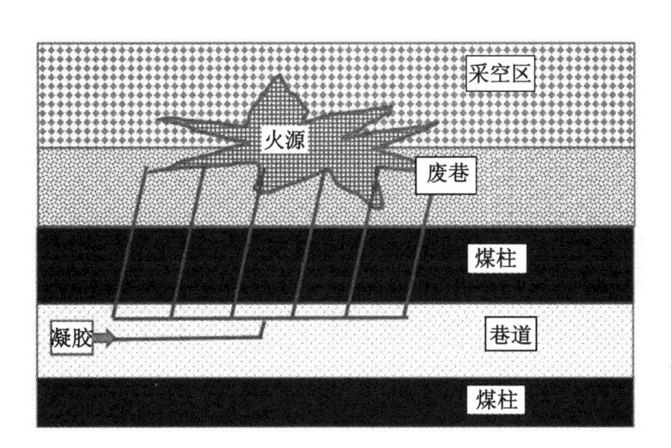

图 6-5　采空区注胶灭火示意图

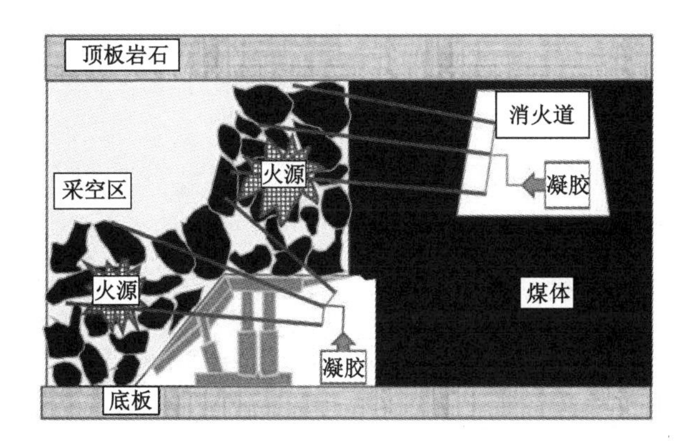

图 6-6　支架注胶灭火示意图

6.2 CMC/AlCit 在自燃火灾中的应用

6.2.1 矿井自然发火情况

南峰煤业主要可采煤层为 4 号、9 号、11 号煤层，分布稳定，煤层倾角较缓，一般 1°～3°，生产能力为 0.90 Mt/a，目前开采 9 号煤层。该矿 9103 工作面平均厚 14.70 m，工作面长 250 m，走向长 668 m，采用倾斜长壁综采放顶煤采煤法。2015 年 8 月 15 日在回撤工作面过程中出现 CO 异常涌出，在工作面支架顶部采取打钻注水、注氮气等方法后，于 2015 年 9 月 6 日进行了封闭。2016 年 4 月 12 日～2016 年 7 月 15 日，对密闭内部的气体和出水温度进行了长期的监测，监测结果表明：火区的 CO 浓度低于 0.001 0%、氧气浓度低于 5.0%、不含有 C_2H_4 和 C_2H_2 气体，出水温度低于 25 ℃，满足《煤矿安全规程》的相关规定，于 2016 年 7 月 27 日实施启封工作。在启封工作完毕后，实施全风压供风排瓦斯，7 月 29 日 17:00～30 日 11:07 工作面回风流中 CH_4 和 CO_2 浓度均为 0.04%、CO 浓度为 0、空气温度为 23 ℃，但在 14:20 回风流中开始出现 CO(6 ppm)，此时 85#～86# 支架温度为 24 ℃、CO 浓度达 100 ppm、CH_4 浓度为 0.04%、O_2 浓度为 20%。为防止火区复燃，重新进行了封闭。

6.2.2 自然发火原因分析

9103 工作面出现自然发火征兆，主要由于以下几个原因：

(1) 9 号煤层属自燃煤层，存在自然发火危险。

(2) 9 号煤层属特厚煤层，采用综采放顶煤采煤法，采出率相对较低，采空区遗煤较多，特别是“两道两线”。

(3) 当工作面接近停采线时，为了撤架有约 15 m 的顶煤没有回收，采空区留有大量浮煤。

(4) 工作面撤架期间，矿压反复作用于顶煤，顶煤相对破碎，自燃危险性增强。

(5) 工作面撤架时间较长，工作面自燃“三带”不能处于动态变化之中，自燃氧化带保持时间较长，存在自然发火危险。

(6) 前期封闭灭火虽然起到了很好的作用，达到了启封条件，但由于自燃点的温度并未彻底降低，导致接触氧气后迅速复燃。

6.2.3 火区治理总体方案

综合 9 号煤层地质、开采、通风等条件及现场观测的气体、温度数据，以及在启封过程中对工作面温度、气体的检测结果分析，初步判定 9103 工作面火源位置可能在 85# 支架附近。为了经济有效的治理火区，及早撤出工作面支架等设备，根据工作面采空区自然发火的特点及规律，以及第一阶段火区治理情况，从工作面长度方向划分为 3 个区间进行分区治理，其中 75#～95# 支架为自燃区、65#～75# 支架及 95#～105# 支架为自燃危险区、50#～65# 支架及 105#～120# 支架为预防区；从工作面推进方向，每个区域按 15 m

考虑。

由于该工作面在长达 10 个月(2015 年 9 月至 2016 年 7 月)的封闭治理,启封后出现复燃现象,说明火区内的温度并未彻底降下来,还存在阴燃或局部高温氧化,治理时应以降温为主,而注 CMC/AlCit 凝胶技术集堵漏、降温、阻化、固结水等性能于一体,因此选用注 CMC/AlCit 凝胶技术进行处理。

由于从 9 号煤层轨道大巷向停采线施工钻孔时存在钻孔距离长、终孔位置精确度低、仰孔注胶困难等不足,而 9 号煤层为特厚煤层,通过在煤层中施工消火道接近停采线实施打钻注胶,可克服上述不足,有效治理火区。

6.2.4　消火道施工方案

消火道布置如图 6-7 所示,基本要求如下:

(1) 消火道巷帮距停采线 15 m,沿工作面方向的长度为 105 m(从 50# ～120# 支架)。

(2) 断面大小应能满足打钻和摆放灭火设备的要求,巷道宽度为 3.0 m,高度为 2.4 m。

(3) 由于 9 号煤层顶板为泥岩和砂质泥岩,为保证巷道容易维护,消火道沿 9 号煤层顶板下方 2 m 左右掘进。

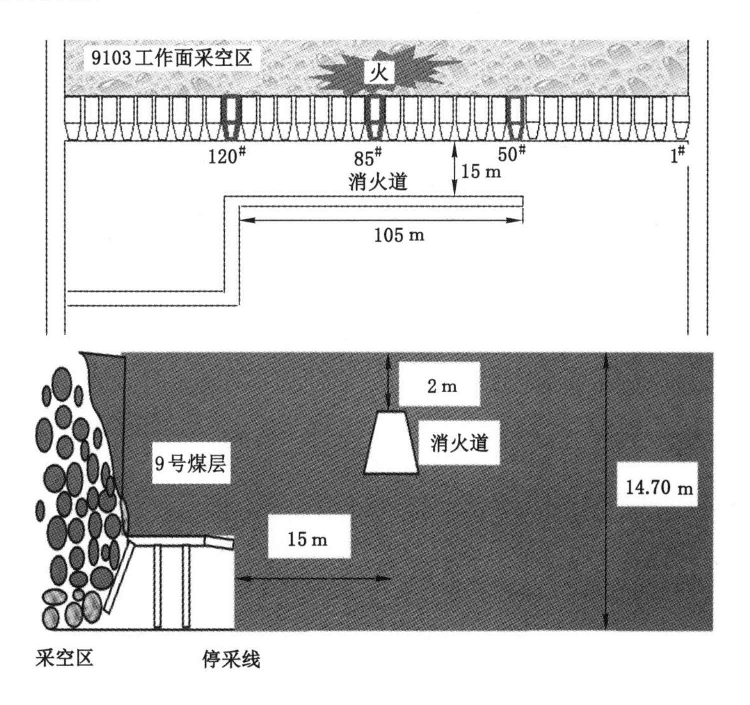

图 6-7　消火道布置平面图和剖面图

6.2.5　钻孔施工方案

(1) 自燃区

75# ～95# 支架,共 20 架约 30 m,共设计 10 组钻孔,每组钻孔水平间距为 3 m,每组钻孔有 3 个钻孔组成,如图 6-8 所示,共计 30 个钻孔。

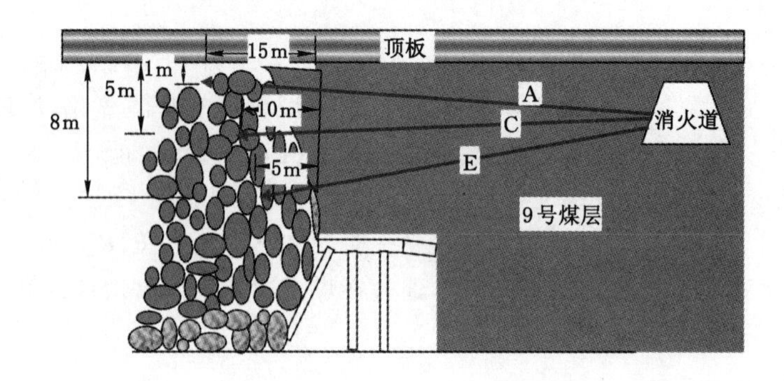

图 6-8 自燃区钻孔布置剖面图

A 系列钻孔终孔位置：架后 15 m，距顶板 1 m；C 系列钻孔终孔位置：架后 10 m，距顶板 5 m；E 系列钻孔终孔位置：架后 5 m，距顶板 8 m。

其中 85# 支架的 A 孔作为观测孔，每天进行取样色谱分析。

（2）自燃危险区

65#～75# 支架及 95#～105# 支架，共 20 架约 30 m，共设计 6 组钻孔，每组钻孔水平间距为 5 m，每组钻孔有 2 个钻孔组成，如图 6-9 所示，共计 12 个钻孔。

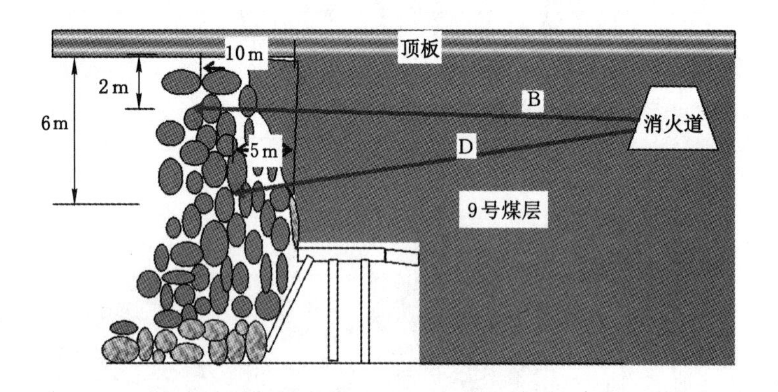

图 6-9 自燃危险区钻孔布置剖面图

B 系列钻孔终孔位置：架后 10 m，距顶板 2 m；D 系列钻孔终孔位置：架后 5 m，距顶板 6 m。其中 70#、100# 支架的 B 孔作为观测孔，该区段钻孔根据自燃区注胶灭火效果再决定是否施工。

（3）预防区

50#～65# 支架及 105#～120# 支架，共 30 架约 45 m，共设计 9 组钻孔，每组钻孔水平间距为 5 m，每组钻孔有 1 个钻孔组成，布置成一排 B 系列钻孔，参见图 6-9，共计 9 个，其中 60#、110# 支架的钻孔作为观测孔，该区域钻孔根据前面灭火效果再决定是否施工。

钻孔直径为 42 mm，钻孔施工完毕后，直接向孔内下套管，下套管时先下一段花管。花管采用 1 in 套管加工，长度 2.0 m，一个端头制成尖形，另一端头为管螺纹，从尖端开始每隔 20 cm 钻一个 ϕ12 mm 的孔，并均匀分布在套管圆周的各个方向。

6.2.6 注胶灭火效果分析

本次灭火的目的是为撤架提供安全条件，注胶一是形成隔离带，二是降温灭火，根据现场注胶管路的长度、可疑火源的位置等，确定凝胶配比选用 3.0%CMC＋8%AlCit＋2.0%GDL，成胶时间约 110 s，使用的注胶泵如图 6-10 所示。

图 6-10 注胶用螺杆泵

85# 支架 A 孔作为观测孔测定整个施工过程中 CO 气体变化。

根据前面现场操作方案，当自燃区钻孔施工完毕后，于 2016 年 11 月 20 日开始通过钻孔注 CMC/AlCit 凝胶，经过 5 天注入约 300 m^3 胶体后观测孔气体中 CO 浓度开始下降，随后继续注入，至 2016 年 12 月 5 日结束，共计注入 CMC/AlCit 凝胶 916 m^3，CO 浓度降至 10 ppm 以下，如图 6-11 所示。因此，自燃危险区和预防区的措施暂停实施，转入观测期。

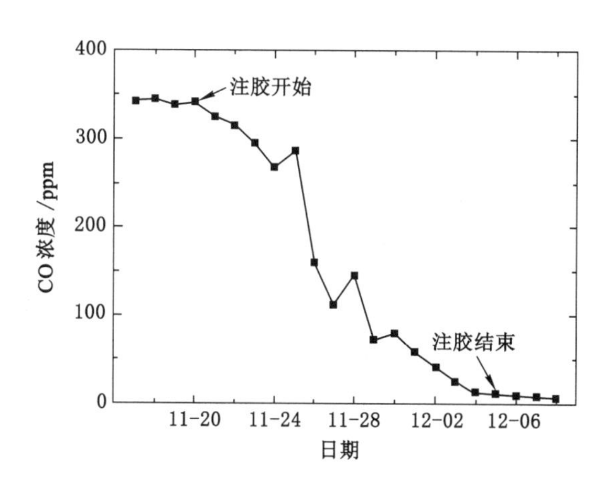

图 6-11 观测孔 CO 浓度的变化曲线

注胶后，胶体在架后和架间形成胶体隔离带，堵住通往松散煤体的漏风通道，并减少有毒有害气体的泄露，同时在凝胶降温的双重作用下，CO 气体得以迅速下降，该方法具有工艺简单、灭火速度快、防治效果好，具有广阔的推广应用前景。

6.3 本章小结

为了进一步验证 CMC/AlCit 灭火的可行性和适用性,在确定 CMC/AlCit 凝胶防灭火现场制备工艺,煤层顶板、煤柱、采空区和支架等不同自燃危险区域凝胶灭火工艺的基础上,以南峰煤业 9103 工作面采空区灭火为契机,进行了 CMC/AlCit 灭火的研究与实践。在封闭火区实施 CMC/AlCit 凝胶的半个月内(累计注胶 916 m^3),采空区 CO 气体从 350 ppm 持续稳定下降至 10 ppm,且未出现反复,有效治理了火区,为下一步工作面的启封和撤架提供了条件。

CHAPTER 7

结论与展望

7.1 主要结论

本书通过羧甲基纤维素钠(CMC)、交联剂柠檬酸铝(AlCit)和pH改性剂葡萄糖酸-δ-内酯(GDL)延迟交联反应制备了矿用CMC/AlCit防灭火凝胶，对其配比、影响因素、流动性、封堵性、阻化煤自燃特性等进行了详细的研究，并进行了小型、中型和现场防灭火实验，结果表明该凝胶具有制备容易、成胶时间可调，稳定性好、适应性强等特点，可满足矿井防灭火现场需求。主要得到如下结论：

(1) 通过对不同浓度下CMC、AlCit和GDL开展配比试验，采用漏斗滴漏计时法测定其成胶时间，并同时观察其成胶效果，结果表明：随着CMC浓度的增大，线性大分子间碰撞概率增大；AlCit的增多可提供更多分子间的交联点；GDL的加入则降低了体系的pH值，加速AlCit中Al^{3+}的离解，均促进成胶时间的缩短。根据矿井防灭火的成胶时间要求及应用的经济性，确定用于封闭堵漏和扑灭高温火源的凝胶配比为：3%CMC+8%AlCit+2%GDL，成胶时间为2～3 min；用于阻化浮煤自燃的凝胶配比为：2.5%CMC+8%AlCit+1.5%GDL，成胶时间约为10 min。在实际使用过程中成胶时间及效果还受到水中高价盐离子、初始pH值和温度等影响，当矿井水含高浓度二价离子时应加入软化剂除离子，防止过快成胶；体系初始的pH值应通过HCl或NaOH溶液调节在6～7之间；注入区域温度较高时，应调节体系的pH值，降低其成胶速度。

(2) 基于MCR302流变仪的测试分析，随着反应的进行，CMC/AlCit交联体系黏度先缓慢上升后急剧增加最后基本保持不变，整个成胶过程可分为诱导期(100～200 s)、反应加速期(200～1 200 s)和反应终止期共三个阶段，通过CMC主链上—COO—基团和Al^{3+}配位，最终形成三维网状结构的胶体。诱导期发生分子内交联形成“局域性”网状结构，而反应加速期发生分子间交联形成“区域性”网状结构，其中CMC和AlCit的临界浓度分别为2%和5%，粉煤灰的加入可缩短成胶时间，减少聚合物用量，但不宜超过30%。该交联体系随着剪切速率的增大其黏度急剧减少，并在一定的启动压力下才能流动，属屈服假塑性流体，在反应180 s后体系流变本构方程为$\tau=4.40+3.02\dot{\gamma}^{0.76}$。其剪切稀化特性，使得胶体在凝胶泵及管路中流动时受到高剪切力作用变稀容易输送，而进入采空区后随着剪切速率降低、黏度增大，利于其在裂隙中的堆积和封堵，从而实现在指定位置的成胶，形成的胶体启动压力达 820 Pa，远大于工作面漏风压差，可有效封堵采空区裂隙和漏风，并减少有害气体的涌出。同时随着温度的升高，该凝胶的黏度出现降低，使其在防灭火区域容易向高温点流动，而从高温点往外流则相对较为困难，这对灭火非常有利；胶体的储能模量 G' 和损耗模量 G'' 均随温度的上升呈逐渐下降趋势，但 G' 一直大于 G''，说明该凝胶体系主要表现为弹性性质，能紧密充填于煤层间隙，且具有良好的触变性，在受到矿压等造成的新裂隙时发生蠕变和自我修复进行二次封堵，可用于巷帮、高冒区等高位自燃隐患的处理。

(3) 利用自制的封堵性能装置测定了不同装煤高度和 CMC/AlCit 凝胶配比下胶体的承压能力，结果表明在实验条件下，可承受 138～885 mmH_2O 的气压，具有较强的抗压性能；其在 180 ℃下胶体完全蒸发的时间是水的 1.88～2.54 倍，反映其良好的固水性和热稳定性。

(4) 通过程序升温实验研究了凝胶对煤自燃标志气体、交叉点温度和活化能的影响分析，并结合 TG、DSC 和 FTIR 实验测试了添加凝胶前后煤体升温氧化时质量、热量以及官能团的变化，结果表明经凝胶处理的煤样较原煤样的交叉点温度提高了 13.9 ℃以上，反应的活化能增加了 38%以上，同时氧化生成的 CO 气体减少了 34.5%以上，且均比氯化钙高；同时凝胶的加入还减缓了煤样质量的变化、降低了热量的释放、增大了活化能，脂肪族 C—H 官能团增加了 21.5%同时 C ═ O 类官能团减少 23.0%，说明凝胶的加入有效降低了煤自燃过程的反应速度，抑制了煤氧反应进程，且比常用的氯化钙具有更好的阻化性能，对煤自燃具有一定的抑制作用。

(5) 利用自行研制的小型和装煤量达 2 m^3 的中型灭火试验台，分别模拟了煤堆、巷道顶板、煤柱自燃并实施 CMC/AlCit 凝胶灭火，实验结果表明：CMC/AlCit 交联体系在成胶前具有一定的流动性，与高温火源接触时部分未成胶的混合液会产生水蒸气，但相对量很小，安全性好；随着灭火过程中体系逐步形成胶体，在燃煤表面和内部形成覆盖层，材料漏失量较少，经济性好，可用于扑灭高位火源；同时形成的胶体稳定性好，在 1 周后仍保持良好的胶体状态；火区温度、气体下降迅速，且未出现反复，火区复燃性低。该凝胶通过润湿包裹，形成液膜隔氧；产生机械键合，堵塞漏风通道，降低氧气浓度；惰化煤体表面活性结构，降低反应速率；固结大量水分、吸热降温等几方面实现综合防灭火。

(6) 建立了 CMC/AlCit 凝胶防灭火现场制备和实施的工艺，提出了煤层顶板、煤柱、采空区和支架等不同自燃危险区域凝胶灭火的操作方案，并在南峰煤业 9103 工作面自燃火区中进行了应用，在 15 天内将 CO 气体从 350 ppm 持续稳定下降至 10 ppm，有效治理了火区，为下一步工作面启封和撤架提供了条件。

7.2 创新点

(1) 基于离子配位交联反应研制出了矿用 CMC/AlCit 防灭火凝胶，并结合矿井防灭火要求和现场实际，确定了其用于煤自燃阻化、封闭堵漏和灭火等不同条件下的配比。该凝胶属屈服假塑性流体，并具有良好的黏弹性和触变性，制备简单、成胶时间可调可控，可用于高冒区或采空区火灾的处理。

(2) 基于封堵测试、程序升温氧化、TG、DSC 和 FTIR 等实验，从宏观表征与微观结构全面分析了 CMC/AlCit 凝胶的阻化性能，该凝胶通过固水、堵漏、降温、惰化煤表面活性结构，提高了反应的活化能，从而降低煤氧反应速率，抑制煤的自燃进程。

(3) 利用自制的小型、中型灭火实验台并在煤矿现场开展了煤堆、煤层顶板、煤柱多层次、全方位的 CMC/AlCit 凝胶灭火试验与应用，证明该凝胶具有灭火速度快、安全性好、复燃性低等优点，为矿井火灾治理提供了一项新的技术。

7.3 研究展望

本书制备了 CMC/AlCit 凝胶，并对其防灭火性能进行了系统研究，但由于煤自燃防治是学术界公认的难题，采用 CMC/AlCit 凝胶防治自燃火灾只是初步的探索，加之作者科研水平有限，还需要在以下几个方面做进一步研究和改进：

(1) 进一步研究其他各种因素对 CMC/AlCit 凝胶的影响，结合现场条件调节其配比以提高使用的针对性。

(2) 进一步研究 CMC/AlCit 凝胶对煤分子结构、氧化放热性、润湿性、黏附性、物理吸附、化学吸附、化学反应以及自由基等影响，完善 CMC/AlCit 凝胶防灭火机理。

(3) CMC/AlCit 凝胶的防灭火性能通过小型和中型规模的实验室测试及在一个矿井的现场应用，虽然取得了较好的效果，但由于现场条件的差异性，应进一步验证和推广应用该凝胶灭火，并在应用中发现存在的问题，以适应在各种条件下的使用。

参考文献

[1] 国家发展改革委　国家能源局. 煤炭工业发展“十三五”规划(公开发布稿)[EB/OL]. (2016-12-31)[2018-3-29]. http://energy.people.com.cn/n1/2016/1231/c71661-28991469.html.

[2] HAO Y,ZHANG Z Y,LIAO H,et al. China's farewell to coal: A forecast of coal consumption through 2020 [J]. Energy Policy,2015,86:444-455.

[3] 林柏泉,常建华,翟成,等. 我国煤矿安全现状及应当采取的对策分析[J]. 中国安全科学学报,2006,16(5):42-47.

[4] SONG Z Y,KUENZER C. Coal fires in China over the last decade:A comprehensive review [J]. International Journal of Coal Geology,2014,133:72-99.

[5] LIU L,ZHOU F B. A comprehensive hazard evaluation system for spontaneous combustion of coal in underground mining [J]. International Journal of Coal Geology,2010,82:27-36.

[6] WANG H Y,CHEN C. Experimental study on greenhouse gas emissions caused by spontaneous coal combustion [J]. Energy and Fuels,2015,29:5213-5221.

[7] 徐精彩. 煤自燃危险区域判定理论[M]. 北京:煤炭工业出版社,2001.

[8] WANG H, DLUGOGORSKI B Z, KENNEDY E M. Coal oxidation at low temperatures: oxygen consumption, oxidation products, reaction mechanism and kinetic modelling [J]. Progress in Energy and Combustion Science,2003,29:487-513.

[9] WANG D M,XIN H H,QI X Y,et al. Reaction pathway of coal oxidation at low temperatures: a model of cyclic chain reactions and kinetic characteristics [J]. Combustion and Flame,2016,163:447-460.

[10] WANG H, DLUGOGORSKI B Z, KENNEDY E M. Kinetic modeling of low-temperature oxidation of coal [J]. Combustion and Flame,2002,131:452-464.

[11] 王德明. 矿井火灾学[M]. 徐州:中国矿业大学出版社,2008.

[12] 梁运涛,侯贤军,罗海珠,等. 我国煤矿火灾防治现状及发展对策[J]. 煤炭科学技术,2016,44(6):1-6,13.

[13] RAY S K, SINGH R P. Recent developments and practices to control fire in underground coal mines [J]. Fire Technology,2007,43(10):285-300.

[14] 任万兴,郭庆,左兵召,等. 近距离易自燃煤层群工作面回撤期均压防灭火技术[J].煤

炭科学技术,2016,44(10):48-52,94.

[15] 丁盛,高宗飞,周福宝,等. 浅埋藏、大漏风火区均压防灭火技术应用[J]. 中国煤炭,2010,36(6):107-109,113.

[16] WU J M, YAN H, WANG J F, et al. Flame retardant polyurethane elastomer nanocomposite applied to coal mines as air-leak sealant [J]. Journal of Applied Polymer Science,2013,6(129):3390-3395.

[17] 邬剑明. 煤自燃火灾防治新技术及矿用新型密闭堵漏材料的研究与应用[D]. 太原:太原理工大学,2008.

[18] 胡相明. 矿用充填堵漏风新型复合泡沫的研制[D]. 徐州:中国矿业大学,2013.

[19] 王德明,李增华,秦波涛,等. 一种防治矿井火灾的绿色环保新材料的研制[J]. 中国矿业大学学报,2004,33(2):205-208.

[20] 邓军,刘磊,任晓东,等. 粉煤灰动压灌浆防灭火技术[J]. 煤矿安全,2013,44(8):64-66,72.

[21] 题正义,秦洪岩,乔宁,等. 大倾角综放采空区注浆防灭火浆液扩散模拟研究[J]. 中国安全科学学报,2016,26(1):51-57.

[22] 高广伟. 中国煤矿氮气防灭火的现状与未来[J]. 煤炭学报,1999,24(1):48-51.

[23] 朱红青,李峰,张振羽,等. 非间隔式注氮防灭火装置动力参数[J]. 煤炭学报,2012,7:1184-1189.

[24] 文虎,徐精彩,葛岭梅,等. 采空区注氮防灭火参数研究[J]. 湘潭矿业学院学报,2001,2:15-18.

[25] 李宗翔,李海洋,贾进章. Y 形通风采空区注氮防灭火的数值模拟[J]. 煤炭学报,2005,5:51-55.

[26] 周春山,邬剑明,王俊峰,等. CO_2 灭火技术在高瓦斯封闭火区的应用[J]. 中国煤炭,2011,3:90-92.

[27] 单亚飞,王继仁,邓存宝,等. 不同阻化剂对煤自燃影响的实验研究[J]. 辽宁工程技术大学学报,2008,27(1):1-4.

[28] 董希琳. DDS 系列煤炭自燃阻化剂实验研究[J]. 火灾科学,1997,6(1):20-26.

[29] 肖辉,杜翠凤. 新型高聚物煤自燃阻化剂的试验研究[J]. 安全与环境学报,2006,6(1):46-48.

[30] 杨漪. 基于氧化特性的煤自燃阻化剂机理及性能研究[D]. 西安:西安科技大学,2015.

[31] 汪洪斌,牛永玲,尹辉晶. 高稳定性泡沫药剂的研究[J]. 煤矿安全,1998(6):9-11.

[32] 王德明. 矿井防灭火新技术——三相泡沫[J]. 煤矿安全,2004,35(4):16-18.

[33] 秦波涛. 防治煤炭自燃的三相泡沫理论与技术研究[D]. 徐州:中国矿业大学,2005.

[34] ZHOU F B, REN W X, WANG D M, et al. Application of three-phase foam to fight an extraordinarily serious coal mine fire [J]. International Journal of Coal Geology,2006,67(1-2):95-100.

[35] 时国庆. 防灭火三相泡沫在采空区中的流动特性与应用[D]. 徐州:中国矿业大学,2013.

[36] 李孜军，陈阳，林武清.水泥灰三相泡沫的形成机理与稳定性试验研究[J].中国安全生产科学技术，2014，10(11)：54-59.

[37] 奚志林.矿用防灭火有机固化泡沫配制及其产生装置研究[D].徐州：中国矿业大学，2010.

[38] 鲁义.防治煤炭自燃的无机固化泡沫及特性研究[D].徐州：中国矿业大学，2015.

[39] QIN B T，LU Y.Experimental research on inorganic solidified foam for sealing air leakage in coal mines [J].International Journal of Mining Science and Technology，2013(23)：151-155.

[40] 田兆君.煤矿防灭火凝胶泡沫的理论与技术研究[D].徐州：中国矿业大学，2009.

[41] 张雷林.防治煤自燃的凝胶泡沫及特性研究[D].徐州：中国矿业大学，2009.

[42] ZHANG L.Development of a new material for mine fire control [J].Combustion Science and Technology，2014，186：928-942.

[43] 于水军，余明高，谢锋承，等.无机发泡凝胶材料防治高冒区托顶煤自燃火灾[J].中国矿业大学学报，2010，39(2)：173-177.

[44] 秦波涛，张雷林.防治煤炭自燃的多相凝胶泡沫制备实验研究[J].中南大学学报，2013，44(11)：4652-4657.

[45] TANG Y B.Inhibition of low-temperature oxidation of bituminous coal using a novel phase-transition aerosol [J].Energy and Fuels，2016，30(11)：9303-9309.

[46] KOROBEINICHEV O P ，SHMAKOV A G，SHVARTSBERG V M，et al.Fire suppression by low-volatile chemically active fire suppressants using aerosol technology[J].Fire Safety Journal，2012，51：102-109.

[47] 邓军，胡安鹏，马砺，等.煤自燃防治气溶胶制备的试验[J].煤矿安全，2016，45(4)：30-33.

[48] ZHANG X，ISMAIL M，AHMADUN F.Hot aerosol fire extinguishing agents and the associated technologies：a review[J].Brazilian Journal of Chemical Engineering，2015，32(3)：707-724.

[49] 徐精彩.煤层自燃胶体防灭火理论与技术[M].北京：煤炭工业出版社，2003.

[50] XU X N，CHEN A P，CHEN N，et al.Application of silicon gel extinguishing agent in fire protection and fire fighting of spontaneous combustion [C]//International symposium on safety science and technology，Shanghai，2004：1344-1348.

[51] 肖旸，翟小伟，邓军.综放面回采期间过旧巷的胶体防灭火技术[J].矿业安全与环保，2005，32(4)：54-55.

[52] 贾博宇.新型无氨凝胶的制备及其性能研究[D].焦作：河南理工大学，2012.

[53] 李石林.复合胶体灭火材料及其性能实验研究和应用[D].西安：西安科技大学，2000.

[54] 徐精彩，张辛亥，邓军，等.FHJ16 型胶体防灭火材料的流动性试验研究[J].西安科技学院学报，2003，23(2)：128-130.

[55] 文虎，徐精彩，王春跃，等.稠化胶体防灭火技术在东滩煤矿的应用[J].煤炭科学技术，

2003,31(1):39-41.

[56] 文虎,徐精彩,阮国强,等.综放面复合胶体防灭火技术[J].中国煤炭,2001,27(6):44-46.

[57] 邓军,徐精彩,张辛亥.稠化胶体防灭火特性实验研究[J].西安科技学院学报,2001,21(2):102-105.

[58] ZHANG Y H,ZHOU P L,HUANG Z A,et al.Yellow mud/gel composites for preventing coal spontaneous combustion[C]//International conference on materials, environmental and biological engineering,Guilin,2015:752-758.

[59] 王刚.新型高分子凝胶防灭火材料在煤矿火灾防治中的应用[J].煤矿安全,2014,45(2):228-229.

[60] 周佩玲,张英华,黄志安,等.预防遗煤自燃的新型凝胶复合材料的研究[J].煤矿安全,2016,47(5):34-37.

[61] 贾春雷,蒋仲安,杨漪,等.温敏性高分子水凝胶制备及灭火性能研究[J].功能材料,2013,44(11):1593-1597.

[62] 邓军,杨漪,唐凯.温敏性水凝胶制备及灭火性能研究[J].中国矿业大学学报,2014,43(1):1-7.

[63] 沈钟,赵振国,王国庭.胶体与表面化学[M].北京:化学工业出版社,2004.

[64] 白宝君,周佳,印鸣飞.聚丙烯酰胺类聚合物凝胶改善水驱波及技术现状及展望[J].石油勘探与开发,2015,42(4):481-487.

[65] BAI B J,ZHOU J,YIN M F.A comprehensive review of polyacrylamide polymer gels for conformance control [J].Petroleum Exploration and Development,2015,42(4):525-532.

[66] 张建华.聚合物凝胶体系在孔隙介质中交联及运移封堵性能研究[J].油气地质与采收率,2012,19(2):54-56.

[67] 王中华.聚合物凝胶堵漏剂的研究与应用进展[J].精细与专用化学品,2011,19(4):16-19.

[68] 段洪东,侯万国,汪庐山,等.部分水解聚丙烯酰胺/Cr(Ⅲ)交联作用的研究方法[J].高分子通报,2002(4):49-55.

[69] WANG G X,CHEN Z H,ZHONG Q,et al.Rate equation of gelation of chromium (Ⅲ) -polyacrylamide sol [J].Chinese Journal of Chemistry,1995,13(2):97-104.

[70] 段洪东.部分水解聚丙烯酰胺/Cr(Ⅲ)凝胶的交联机理及交联动力学研究[D].杭州:浙江大学,2002.

[71] 段洪东,侯万国,孙德军,等.流变学法研究部分水解聚丙烯酰胺/Cr(Ⅲ)交联反应[J].化学学报,2002,4(60):580-584.

[72] KLEVENESS T M,RUOFF P,KOLNES J.Experimental study of the gelation behavior of a polyacrylamide/aluminum citrate colloidal-dispersion gel system [J].SPE Journal,1998,3(4):337-343.

[73] 谭忠印,马金,王琛,等.原子力显微镜对聚丙烯酰胺凝胶分形结构的研究[J].中国科学(B辑),1999,29(2):97-100.

[74] 陈艳玲,杨问华,袁军华,等.聚丙烯酰胺/醋酸铬与聚丙烯酰胺/酚醛胶态分散凝胶的纳米颗粒自组织分形结构[J].高分子学报,2002(5):592-596.

[75] 董朝霞,林梅钦,李明远,等.光散射技术在研究高分子溶液和凝胶方面的应用[J].高分子通报,2001(5):25-33.

[76] 左榘.激光散射原理及在高分子科学中的应用[M].郑州:河南科学技术出版社,1994.

[77] LI M Y,DONG Z X,et al.A study on the size and conformation of linked polymer coils [J].Journal of Petroleum Science and Engineering,2004,41:213-219.

[78] 康万利,路遥,李哲,等.部分水解聚丙烯酰胺的微流变特性研究[J].石油与天然气化工,2015,44(4):75-78.

[79] 孙爱军,吴肇亮,林梅钦,等.低浓度部分水解聚丙烯酰胺与柠檬酸铝交联体系流变性研究[J].石油大学学报(自然科学版),2004,28(5):65-69.

[80] 牛会永.防灭火胶体的管道流动特性实验研究[D].西安:西安科技大学,2004.

[81] 郭立红.一种聚酰胺酸溶液的流变性研究[D].南京:南京工业大学,2006.

[82] 赵大成.聚合物水凝胶的结构评价及 HPAM 溶液的流变学性质研究[D].长春:吉林大学,2006.

[83] 赵建会,张辛亥.矿用灌浆注胶防灭火材料流动性能的实验研究[J].煤炭学报,2015,40(2):383-388.

[84] 陆伟,王德明,陈舸,等.煤自燃阻化剂性能评价的程序升温氧化法研究[J].矿业安全与环保,2005,32(6):12-14.

[85] 秦波涛,王德明,陈建华.三相泡沫阻化特性实验研究[J].湖南科技大学学报(自然科学版),2006,21(1):5-8.

[86] SCHMAL D,DUYZER J H,HEUVEN J W.A model for the spontaneous heating of coal[J].Fuel,1985(64):963-972.

[87] 邓军,王楠,文虎,等.胶体防灭火材料阻化性能试验研究[J].煤炭科学技术,2011,39(7):49-52.

[88] 欧立懂.复合胶体防灭火材料的性能研究[J].消防科学与技术,2011,30(10):943-946.

[89] XU Y L, WANG D M, WANG L Y, et al. Experimental research on inhibition performances of the sand-suspended colloid for coal spontaneous combustion [J]. Safety Science,2012(50):822-827.

[90] REN T X,EDWARDS J S,CLARKE D.Adiabatic oxidation study on the propensity of pulverized coals to spontaneous combustion [J].Fuel,1999,78(4):1611-1620.

[91] 陆伟,王德明,周福宝,等.绝热氧化法研究煤的自燃特性[J].中国矿业大学学报,2005,34(2):213-217.

[92] 仲晓星,王德明,尹晓丹.基于程序升温的煤自燃临界温度测试方法[J].煤炭学报,2010,35(S1):128-131.

[93] 邓军,王楠,陈晓坤,等.高水胶体防灭火材料物化性能实验研究[J].西安科技大学学报,2011,31(2):127-131.

[94] 余明高,郑艳敏,路长,等.煤自燃特性的热重-红外光谱实验研究[J].河南理工大学学报,2009,28(5):547-551.

[95] 张辛亥,丁峰,张玉涛,等.LDHs 复合阻化剂对煤阻化性能的试验研究[J].煤炭科学技术,2017,9(1):84-88.

[96] 董宪伟,艾晴雪,王福生,等.煤氧化阻化过程中的热特性研究[J].中国安全生产科学技术,2016,12(4):70-75.

[97] 任万兴,郭庆,左兵召,等.泡沫凝胶防治煤炭自燃的特性与机理[J].煤炭学报,2015,40(S2):401-406.

[98] 赵建国,朱化雨,刘晓泓,等.煤矿三元复合胶体防灭火材料的制备与性能研究[J].功能材料,2015,46(13):13139-13143.

[99] MA L Y, WANG D M, WANG Y, et al. Experimental investigation on a sustained release type of inhibitor for retarding the spontaneous combustion of coal [J]. Energy and Fuels,2016,30:8904-8914.

[100] 杨胜强,张人伟,邸志前,等.煤炭自燃及常用防灭火措施的阻燃机理分析[J].煤炭学报,1998,23(6):620-621.

[101] XUE S, HU S G. Controlling underground heatings using innovative fire-suppressant injection proof of concept study [R]. Australia: ACARP Final Report C14021,2008.

[102] 赵春瑞,张锡佑,余大洋,等.复合胶体防灭火材料的制备及其性能试验研究[J].中国煤炭,2015,41(11):93-96.

[103] 王续,邬剑明,王俊峰,等.新型矿用水凝胶的制备及堵漏风性能测试[J].煤矿安全,2015,46(9):27-30.

[104] 赵春瑞.矿用新型胶体防灭火材料的制备及其性能试验研究[D].太原:太原理工大学,2016.

[105] 王续.矿用粉煤灰/CMC 复合凝胶防灭火性能研究[D].太原:太原理工大学,2016.

[106] 潘金海.羧甲基纤维素钠的发展及应用[J].纤维素醚工业,2001(3):25-30.

[107] 王扬.聚乙二醇基多重响应的高强度智能水凝胶的制备与性能研究[D].上海:东华大学,2014.

[108] YAZICI I, OKAY O. Spatial inhomogeneity in poly (acrylic acid) hydrogels [J]. Polymer,2005,46(8):2595-2602.

[109] 王丽伟,程兴生,卢拥军,等.适合稠化剂交联的超高温有机锆及其制得的压裂液:CN102838781 A[P].2012-12-26.

[110] 张玉广,张浩,王贤君,等.新型超高温压裂液的流变性能[J].中国石油大学学报(自然科学版),2012,36(1):165-168.

[111] 毛宏志.有机酸铝交联聚合物的形成及其影响因素[D].济南:山东大学,2007.

[112] 岳志强.柠檬酸铝交联剂的制备及其缓交联体系研究[J].特种油气藏,2008,15(1):74-76.

[113] EI-REHIM H A A, HEGAZY E S A, EI-MOHDY H L A, et al. Properties of polyacrylamide-based hydrogels prepared by electron beam irradiation for possible use as bioactive controlled delivery matrices [J]. Journal of Applied Polymer Science, 2005, 98(3): 1262-1270.

[114] 李明远,董朝霞,吴肇亮.部分水解聚丙烯酰胺/柠檬酸铝交联体系分类探讨[J].油田化学,2000,17(4):343-345.

[115] 谢朝阳.铝交联聚丙烯酰胺体系性能分析及其深度调驱提高原油采收率技术研究[D].杭州:浙江大学,2009.

[116] 林梅钦,董朝霞,宋锦宏,等.部分水解聚丙烯酰胺/柠檬酸铝体系临界交联浓度的研究[J].高分子学报,2003(6):816-820.

[117] SYDANSK R D. Acrylamide-polymer/chromium(Ⅲ)-carboxylate gels for near wellbore matrix treatments [J]. SPE Advanced Technology Series, 1993, 1: 146-152.

[118] 许越.化学反应动力学[M].北京:化学工业出版社,2005.

[119] 符若文,李谷,冯开才.高分子物理[M].北京:化学工业出版社,2005.

[120] 姜维东.Cr^{3+}聚合物凝胶性能特征及其应用效果研究[D].大庆:大庆石油学院,2009.

[121] 李博,邵自强,廖兵.HEC/CMC复配溶液协同效应的流变学研究[J].北京理工大学学报,2010,30(2):226-230.

[122] 吴伟都,朱慧,王雅琼,等.CMC与黄原胶复配溶液的流变特性研究[J].中国食品添加剂,2013(2):94-103.

[123] 金日光,马秀清.高聚物流变学[M].上海:华东理工大学出版社,2012.

[124] 冯新德,唐敖庆,钱人元,等.高分子化学与物理专论[M].中山:中山大学出版社,1984.

[125] 谢刚,黎勇,陈九顺,等.聚丙烯酰胺水溶液的流变性质[J].应用化学,2000,17(1):72-74.

[126] 潘宏波.粉煤灰凝胶防灭火技术在煤矿的研究及应用[J].煤炭与化工,2015,38(8):118-120.

[127] 李庆军,张辛亥,范兴玉,等.东荣三矿粉煤灰复合胶体防灭火技术应用与实践[J].中国安全科学学报,2005,15(4):45-47.

[128] 张艳芳.HPAM/酚醛有机交联体系的成胶性能、流变行为及动态性能研究[D].成都:四川大学,2007.

[129] ZHANG Y N, ZHAO J Y, LUO Z M, et al. Thermal tendency and inhibition of polymer gel materials for fire prevention in coal mine [C]//4th international conference on energy and environmental protection, Shenzhen, 2015: 2896-2901.

[130] FERNANDEZ E. Viscoelastic and swelling properties of glucose oxidase loaded polyacrylamide hydrogels and the evaluation of their properties as glucose sensors

[J].Polymer,2005,46:2211-2217.

[131] OTTONE M L,DEIBER J A,et al.Modeling the rheology of gelatin gels for finite deformations,Part 1[J].Elastic rheological model Polymer,2005,46:4928-4937.

[132] MALEKI A,KJNIKEN A L,KUNDSEN K D,et al.Dynamical and structural behavior of hydroxyethylcellulose hydrogels obtained by chemical gelation [J].Polymer International, 2006(55):365-374.

[133] 王德民,程杰成,杨清彦.黏弹性聚合物溶液能够提高岩心的微观驱油效率[J].石油学报,2000,21(5):45-51.

[134] 戈尔布诺夫 A T.异常油田开发[M].张树宝,译.北京:石油工业出版社,1987.

[135] 孙明,孙天健,戴达山,等.油藏渗流启动压力理论计算方法[J].油藏工程,1999(4):30-32.

[136] 贝尔 J.多孔介质流体动力学[M].李竞生,陈崇希,译.北京:中国建筑工业出版社,1983.

[137] 王德明.矿井通风与安全[M].徐州:中国矿业大学出版社,2007.

[138] 张明锋.耐温 HPAM 凝胶动力学及热稳定性研究[D].天津:天津大学,2014.

[139] 任强.新型抗高温就地聚合凝胶体系研制与性能评价[D].成都:西南石油大学,2015.

[140] 罗振敏,邓军,杨永斌,等.煤矿井下灾区水凝胶密闭填充材料性能研究[J].中国矿业大学学报,2007,36(6):748-751.

[141] 张玉龙,王俊峰,王涌宇,等.环境条件对煤自燃复合标志气体分析的影响[J].中国煤炭,2013,39(9):82-86.

[142] SINGH A K,SINGH R V K,SINGH M P,et al.Mine fire gas indices and their application to indian underground coal mine fire[J].International Journal of Coal Geology,2007,69:192-204.

[143] WANG H H,DLUGOGORSKI B Z,KENNEDY E M.Tests for spontaneous ignition of solid materials:Flammability testing of materials in construction,transport and mining sectors [M].Cambridge:Woodhead Publishing,2006.

[144] 仲晓星,王德明,陆伟,等.交叉点温度法对煤氧化动力学参数的研究[J].湖南科技大学学报(自然科学版),2007,22(1):13-16.

[145] 齐峰.煤低温氧化动力学参数及氧化热测试理论与方法研究[D].徐州:中国矿业大学,2006.

[146] 李增华,齐峰,杜长胜,等.基于吸氧量的煤低温氧化动力学参数测定[J].采矿与安全工程学报,2007,24(2):137-140.

[147] 许涛.煤自燃过程分段特性及机理的实验研究[D].徐州:中国矿业大学,2012.

[148] TARABA B,MICHALEC Z,MICHALCOVA V,et al.CFD simulations of the effect of wind on the spontaneous heating of coal stockpiles[J].Fuel,2014,118:107-112.

[149] WANG H H,DLUGOGORSKI B Z,KENNEDY E M.Pathways for production of CO_2 and CO in low-temperature oxidation of coal [J].Energy and Fuels,2003,17:

150-158.

[150] ZHOU C S,ZHANG Y L,WANG J F,et al.Study on the relationship between microscopic functional group and coal mass changes during low-temperature oxidation of coal [J].International Journal of Coal Geology,2017,171:212-222.

[151] 何启林,王德明.煤的氧化和热解反应的动力学研究[J].北京科技大学学报,2006,28(1):1-5.

[152] 陆卫东,王继仁,邓存宝,等.基于活化能指标的煤自燃阻化剂实验研究[J].矿业快报,2007,10:45-47.

[153] ZHANG Y L,WANG J F,XUE S,et al.Evaluation of the susceptibility of coal to spontaneous combustion by a TG profile subtraction method [J].Korean Journal of Chemical Engineering,2016,33:862-872.

[154] AVILA C,WU T,LESTER E,et al.Estimating the spontaneous combustion potential of coals using thermogravimetric analysis [J].Energy and Fuels,2014,28:1765-1773.

[155] 仲晓星.煤自燃倾向性的氧化动力学测试方法研究[D].徐州:中国矿业大学,2008.

[156] 余明高,郑艳敏,路长,等.煤低温氧化热解的热分析实验研究[J].中国安全科学学报,2009,9:83-86.

[157] 潘乐书,杨永刚.基于量热分析煤低温氧化中活化能研究[J].煤炭工程,2013,6:102-105.

[158] ZHANG Y L,WU J M,CHANG L P,et al.Kinetic and thermodynamic studies on the mechanism of low-temperature oxidation of coal:A case study of Shendong coal (China) [J].International Journal of Coal Geology,2013,120:41-48.

[159] 陆昌伟,奚同庚.热分析质谱法[M].上海:上海科学技术文献出版社,2002:67-68.

[160] 王俊宏,常丽萍,谢克昌.西部煤的热解特性及动力学研究[J].煤炭转化,2009,3:1-5.

[161] 胡荣祖,史启祯.热分析动力学[M].北京:科学出版社,2001.

[162] LOPEZ D.Effect of low-temperature oxidation of coal on hydrogen-transfer capability [J].Fuel,1998,77(14):1623-1628.

[163] 王继仁,邓存宝.煤微观结构与组分量质差异自燃理论[J].煤炭学报,2007,32(12):1291-1296.

[164] 王继仁,金智新,邓存宝.煤自燃量子化学理论[M].北京:科学出版社,2007.

[165] ZHANG Y L,WANG J F,XUE S,et al.Kinetic study on changes in methyl and methylene groups during low-temperature oxidation of coal via in-situ FTIR [J].International Journal of Coal Geology,2016,154-155:155-164.

[166] TAHMASEBI A,YU J,HAN Y,et al.Study of chemical structure changes of Chinese lignite upon drying in superheated steam,microwave,and hot air[J].Energy and Fuels,2012,26:3651-3660.

[167] TAHMASEBI A,YU J,BHATTACHARYA S.Chemical structure changes accompanying

fluidized-bed drying of Victorian brown coals in superheated steam, nitrogen, and hot air [J].Energy and Fuels, 2013, 27: 154-166.

[168] 张玉龙.基于宏观表现与微观特性的煤低温氧化机理及其应用研究[D].太原:太原理工大学,2014.

[169] 张虎.无烟煤矿井封闭火区熄灭过程中气体变化规律及启封条件探讨[D].太原:太原理工大学,2011.

[170] 何理,钟茂华,蒋仲安,等.采空区高硫煤层自燃机理及新型凝胶阻化剂的应用[J].中国安全生产科学技术,2007,3(6):52-55.

[171] 国家安全生产监督管理总局,国家煤矿安全监察局.煤矿安全规程[M].北京:煤炭工业出版社,2016.

[172] 杨胜强,尹文萱,于宝海,等.煤巷高冒区破碎煤体自然发火微循环理论分析[J].中国矿业大学学报,2008,38(5):590-594.